달콤한 디저트의 나날들

카페 듀자미 **베이킹 클래스**

달콤한 디저트의 나날들

카페 듀자미 베이킹 클래스

초판 1쇄 펴낸날 2011년 4월 11일
초판 2쇄 펴낸날 2012년 5월 15일

지은이 채혜수, 홍승현
펴낸이 조영혜
펴낸곳 동녘라이프

전무 정락윤
주간 곽종구
책임편집 이미종
편집 이상희 박상준 구형민 김보경 윤현아 봉선미
미술 조하늘 고영선
영업 김진규 조현수
관리 서숙희 장하나

사진 한정수(studio etc.) **디자인** 정해진(elephant)
인쇄·제본 새한문화사 **라미네이팅** 북웨어 **종이** 한서지업사

등록 제311-2003-14호 1997년 1월 29일
주소 (413-756) 경기도 파주시 문발동 파주출판도시 532-5
전화 영업 031-955-3000 편집 031-955-3004 **전송** 031-955-3009
블로그 www.dongnyok.com **전자우편** life@dongnyok.com

ISBN 978-89-90514-47-9 13590

달콤한 디저트의 나날들
cafe Deux Amis
카페 듀자미 베이킹 클래스

PART 4
소소한 카페일기

PART 5
마리의 베이킹 클래스

〈cookie〉

〈cake〉

〈Tart & Pie〉

BONUS

Prologue

케이크가 있는 곳에는 언제나 즐거운 기억이 있어요.

유난히도 케이크를 좋아하는 남편, 그 덕분에 더욱 케이크를 사랑하게 된 나. 우리는 특별한 날이 아니더라도 서로에게 케이크를 선물하고는 했어요. 격렬히 싸웠다가도 남편 손에 들린 케이크를 보면 언제 그랬냐는 듯 화해를 했던 건, 아마 너무도 달콤한 그 맛 때문이었을까요?

르 코르동 블루에서 셰프가 만들어 준 케이크에는 따뜻한 정성이 담겨 있었어요. 저도 이런 따뜻함을 전할 수 있는 케이크를 만들어 가까운 사람들과 정을 나누고 싶었지요. 입 안 가득 기분 좋은 달콤함이 퍼지고, 그 달콤함이 마법처럼 사람을 행복하게 만드는 그런 케이크 말이에요.

만들고, 나누다보니 평범하기만 했던 일상이 반짝 반짝 빛나기 시작했어요. 결국 꿈으로만 그리던 많은 것들을 남편과 나의 공간인 카페 '듀자미'에서 실제로 만들어 내기 시작했기 때문이죠. 내가 만든 케이크로 사랑하는 사람의 생일을 축하하고, 사랑을 고백하고, 행복한 기념일을 함께 한다는 것은 정말 가슴 뛰는 일이었어요. 하지만 평범한 주부와 보석 디자인을 하던 남자가 오너 셰프가 되는 일은 생각보다 만만치 않았답니다. 하루하루가 좌충우돌의 연속이었고, 손님이 없어서 텅 빈 가게를 지키는 일들도 많았죠. 처음에는 영화 〈카모메 식당〉의 한 장면처럼 '정말 손님이 들어올까?'라고 생각하기도 했지만 정성껏 만들고 가꾸어 나가다보니 이제는 많은 손님들께 사랑받는 듀자미가 되었어요.

듀자미의 풍경은 대부분 이렇답니다. 남편은 케이크를 잘라서 예쁜 접시에 플레이팅하고, 커피를 서빙합니다. 작업실에서 부지런히 케이크를 만들던 저는 잠시 홀에 나가 남편의 모습을 보며 흐뭇해 하죠. 모든 것이 경쾌한 리듬의 음악처럼 맞아 떨어지는 순간, 온 몸이 에너지로 충만되는 것 같아요.

행복은 바로 이런 소소한 순간순간에서 오는 게 아닐까요. 초콜릿과 생크림이 적절히 잘 섞여 반짝반짝 윤이 나게 초콜릿이 만들어지는 순간, 손님들이 맛있게 케이크의 마지막 조각까지 드시는 순간, 그리고 여러분과 책을 함께 볼 수 있는 바로 이 순간도 마찬가지입니다. 오늘도 나와 남편, 두 친구는 달콤한 행복을 나누고자 합니다.

어서 오세요.
그리고 맛있게 드세요.

가로수길 디저트 카페 듀자미,
그곳에는 달콤한 케이크와 이야기가 있습니다.

PART 1

달콤한 인생의 시작,
르 코르동 블루

르 코르동 블루의 강의실에는 늘 달콤한 냄새가 가득
했어요. 친구들과 함께 앉아있으면 마치 천국에 와
있는 기분이 들곤 했지요. 작업대 위에 올라와 있던
애플타르트, 밀페유, 에클레어, 마카롱, 슈…. 온몸
의 감각이 깨어나는 듯 설레던 순간을 어떻게 잊을
수 있을까요. 화려한 앙트르메들을 보고 있노라면 강
의실에 들어오던 햇살마저도 달콤한 향수처럼 느껴
졌어요. 인생의 반을 살고 나서야 비로소 하고 싶은
일을 찾게 되었습니다. 인생의 2막을 열어주었던 그
순간으로 여러분을 초대합니다.

케이크 좋아하던 여자

"아무튼 우리는 배가 고팠다. 아니, 배가 고픈 정도가 아니라 마치 우주의 공허를 그대로 삼켜버린 것 같이 속이 텅 비어있는 기분이 들었다. 처음엔 도넛 구멍같이 작은 공백이었던 것이 날이 감에 따라 우리 몸 안에서 자꾸 커져서 마침내는 바닥 모를 허무가 되었다." – 무라카미 하루키 〈빵가게 습격사건〉

지금 생각해 보면 중학교 시절 종이 울리자마자 매점으로 달려가 사 먹던 '보름달'이 세상에서 제일 맛있는 빵이었다. 늘 한쪽에만 팥이 몰려있어 아쉬웠던 단팥빵처럼 언제나 한쪽에만 크림이 샌드되어 있어 불만이었던 도톰하고 하얀 빵 말이다.

케이크의 의미는 조금 다르다. 어렸을 적에는 특별한 날에만 먹는 음식이라고 생각해서인지, 케이크를 생각하면 즐거운 기억만 떠오른다. 연애시절의 달콤한 기억을 떠올리면 대략 다음과 같다. 남편과 함께 즐겨가던 케이크 카페 '라리'에서의 일이다.

"시폰케이크 먹을까? 아님 저 치즈케이크? 아! 저 초콜릿케이크도 맛있겠다."

"그냥 다 시켜먹자."

남편의 대답은 항상 같았다. 그는 당시 물가에 비해 무척이나 비싼 케이크를 이것저것 더 주문했고, 특별한 날에는 시폰케이크를 통째로 안겨주기도 했다. 그 예쁜 케이크를 몇 조각씩 먹던 모습에 반해 그와 결혼했는지도 모르겠다.

빵에 대한 나의 사랑은 더 어린 시절로 거슬러 올라간다. 고소한 냄새가 솔솔 나는 빵집을 지날 때면 빵가게를 습격하는 상상을 자주 하곤 했다. 하루키의 소설

에 등장하는 주인공들처럼 공허함으로 인한 충동적인 습격은 아니지만, 어쨌거나 가게를 습격해 모든 빵을 다 먹어 치우고 싶다는 어이없는 상상을 한 것도 사실이다. 결혼 후에는 공허하거나 스트레스가 쌓이면 부엌을 습격하듯 베이킹을 시작했다. 작은 부엌에는 밀가루, 설탕, 버터, 우유 등 각종 재료들이 늘어서고 빵 굽는 틀도 총동원되었다. 쌓여있는 설거지와 함께 부엌은 순식간에 아수라장. 케이크가 구워지고, 만족스러운 결과물이 나오면 스트레스는 사라졌다. 어린 시절 빵가게를 지날 때 맡았던 그 기분 좋은 빵 굽는 냄새와 함께 좋지 않았던 모든 것이 날아가 버리기라도 한 것처럼 말이다. 물론 항상 만족스러운 결과물이 나오는 것은 아니었다. 가끔은 태우기도 하고 정체를 알 수 없을 때도 있었지만 남편과 아들은 언제나 손가락을 치켜들며 좋아했다. 남편과 아들이 나의 케이크를 좋아해주지 않더라면 내가 이렇게 흠뻑 빠질 수는 없었을 것이다.

병적으로 케이크 좋아하던 여자는 이제 매일 케이크를 실컷 굽는, 아니 구워야 하는 여자가 되었다. 나도 알지 못했던 내 안의 열정은 이제 주체할 수 없이 커져서 아무리 몸이 아프고 힘들더라도 절로 빵을 굽게 한다.

새로운 취미, 베이킹

결혼 후 직장 생활을 하지 않던 나는 수많은 취미에 빠졌다.

퀼트를 할 때는 세상의 모든 천 쪼가리들이 내게 큰 의미로 다가왔고, 꽃꽂이를 배울 때
는 길가의 작은 꽃도 유심히 보게 되었다. 하지만 그저 잠깐의 즐거움과 호기심으로 지
나갈 뿐이라 내가 잘하는 일에 의미를 더할 수 있는 무언가를 찾고 싶었다.

우연히 찾게 된 베이킹은 '내가 찾던 바로 그것'이라는 생각이 강하게 들었다. 그저 좋
아하는 것에서 그치지 않고 세상의 모든 케이크를 다 내가 만들어 내겠다는 의무감 같은
것이 생기게 된 것이다. 빵집에 가면 감상과 분석을 하기 시작했다. 케이크의 모양을 머
릿속으로 복사하고, 나오자마자 기록해 두었다. 단면을 보면서 스케치해 두고, 맛도 분
석했다. 이때부터는 케이크를 사 먹지 않고 만들어 먹게 되었다.

쇼핑 패턴 또한 달라지기 시작했다. 구두, 옷, 가방보다는 생활가전, 그릇, 조리도구, 베이킹 재료, 치즈 등이 쇼핑 아이템이 되었다.

"나도 그대로 만들어 볼 테야."

베이커리 코너를 기웃거리며 재료를 사 모으고 신상 케이크의 디자인을 보는 게 가장 큰 즐거움이 되었다. 같은 취미를 가진 사람들이 모이는 인터넷의 카페나 블로그를 돌아다니며 정보를 교환하고 베이킹부터 사적인 이야기까지 수다삼매경에 빠지기도 했다. 남편은 '그 취미는 몇 달 짜리?'냐며 놀리고는 했는데 아마 취미를 일로 이어갈 줄은 몰랐을 것이다.

베이킹을 시작하면서 무언가에 이렇게 몰두할 수 있다는 것에 대해 스스로 놀랐다. 마음에 드는 결과물이 나왔을 때의 성취감을 어떻게 설명할까? 내게 있어서 베이킹이란 재료를 준비하고, 밀가루를 섞고 오븐에 무언가를 굽는 게 끝이 아니다. 향긋한 냄새를 뿜어내며 케이크가 잘 구워지는 동안, 시름과 스트레스까지 함께 날리는 치유의 한 방법이기도 했다.

이렇게 한번 시작한 베이킹은 끝을 봐야했다. 밤새 케이크를 만들어도 피곤하지 않았다. 이런 즐거운 일을 왜 이제야 알게 된 거지? 하지만 중요한 것은 이제라도 그렇게 찾아 헤매던 내 인생 최대의 숙제였던 '나는 무엇을 잘 할 수 있을까?'라는 질문에 답을 할 수 있게 되었다는 것.

잊을 수 없던 밤

눈 내리던 겨울밤이었다.

수업이 끝나고 집으로 돌아오는 길. 소복이 쌓인 눈을 밟으며 집으로 돌아가는 길은 눈앞에 펼쳐진 원더랜드를 바라보며 서 있는 앨리스의 마음과도 같았다. 누구에게나 인생을 바꾸는 결정적인 순간이 있을 것이다. 내게 있어 그 순간은 사브리나 클래스(르 코르동 블루의 일일 클래스)에 참석했던 그날 밤이었을 것이다. 사브리나 클래스는 밤에 이루어지는 클래스여서, 주부인 나로서는 참여하기 부담스러웠다. 당시 아들 녀석이 초등학교 저학년이어서 밤에 아이를 혼자 두고 참석하기에는 무리가 있었지만 큰 마음을 먹고 신청을 해 두었다.

클래스 대리석 테이블 위에는 그날 시연에 쓰일 재료가 가지런히 계량되어 있었다. 하얀 린넨 위에 줄맞춰 놓여있던 베이킹 도구와 칠판에 그려져 있던 케이크 단면도, 그리고 시식을 위해 구워지고 있는 달콤한 냄새가 지금도 생생하게 느껴진다.

"안뇽하세여."

셰프의 어눌한 말 한 마디를 제외하고는 모두 프랑스어로 수업이 이루어졌다. 통역이 있었지만 귀를 쫑긋 세우고 말을 알아들으려고 애써 보았다. 대학원에서 프랑스어를 전공했음에도 불구하고 오랜 세월 손에서 놓았던 탓인지 알아들을 수 있는 말은 많지 않았지만, 그날 밤 귓가에 들려오는 프랑스어는 마치 감미로운 음악과 같았다.

2시간 남짓한 시간 동안 두 가지 크리스마스 *부쉬bûche 케이크와 3가지 맛의 초콜릿을 만드는 셰프의 현란하고 숙련된 손놀림은 놀라움 자체였다. 파리의 제과점들은 크리스마스 시즌이 되면 무스케이크를 장작 모양으로 만든다고 했다. 장작처럼 긴 무스 틀에 *비스퀴biscuit를 깔고 크림을 넣은 뒤 겉면은 초콜릿을 입

Dark Chocolate

히고 옆면과 윗면에 다시 초콜릿으로 장식을
했다. 정말 먹기 아까웠지만 시식을 해 보니
더 놀라웠다. 태어나서 처음 먹어보는 환상
적인 맛!
멋진 케이크를 만들어 사람들의 마음을 황홀
하게 사로잡고, 함께 나눠 먹으며 행복을 줄
수 있다면….
나를 행복하게 하고 내가 죽을 때까지 미친 듯
이 하고 싶은 일이 바로 이것이라고 깨닫게 된
그날 밤, 가슴이 떨리기 시작했다.

Bûche de Noël

*부쉬 드 노엘 Bûche de Noël 　프랑스에서 크리스마스에서 먹는 케이크. '부쉬'란 불어로 장작을 의미하는데,
　　　　　　　　　　　　　　　　장작을 태우면서 일 년 동안 좋지 않았던 일들을 다 날려버리자는 의미가 있다고 한다.
*비스퀴 biscuit 　　　　　　　　　스폰지케이크의 일종.

새로운 세계로 출발

대학생이던 시절, 상송에 심취했던 적이 있었다.

그 당시 제일 좋아하던 노래는 에디트 피아프의〈La vie en rose 장밋빛 인생〉. 사랑하는 사람의 품에서 그가 나지막이 속삭여 주는 노래를 들으면 그것이 바로 장밋빛 인생이라는 달콤한 내용이다.

아이를 키우면서 살림을 하는 반복된 일상 속에서 하루하루가 무의미하고 무기력해져 벽돌같이 딱딱했던 시간들. 새로운 세계를 보고 싶다는 생각이 지속적으로 들던 즈음에 경험하게 된 사브리나 클래스는 나에게 장밋빛 인생과 같았다.

당장 르 코르동 블루 제과 클래스에 등록을 하고 싶었지만 초급-중급-상급으로 이어지는 단계별 수업료가 만만치 않았고, 또 아무리 하고 싶은 일이라 하더라도 확실한 계획도 없이 많은 시간과 돈을 투자한다는 것이 사치로 느껴졌다. 급기야 르 코르동 블루의 홈페이지를 계속 들어다보며 혼자 중얼거리기를 반복했다.

"초급 제과 과정만이라도 한번 배워보고 싶은데. 아이도 방학이니까 지금 배우면 얼마나 좋을까?"

이 때, 갑자기 신문을 보고 있던 남편이 대답했다.

"그럼 가서 배워. 대신 아주 열심히 해야 해. 힘들다는 말 한마디만 해 봐."

"정말? 진짜?"

"어차피 언젠가는 갈 거잖아. 그럴 거면 그냥 지금 해."

한번 결심한 것은 언젠가는 꼭 할 것이라는 것을 남편은 알고 있었다. 든든한 지원까지 생기면서 나에게도 드디어 새로운 시즌이 시작되었다.

하지만 현실은 만만치 않았다. 당시에는 용인에 살 때라 일단 통학이 불편했다.

수업은 오전 9시에 시작되었기 때문에 20분 전에 학교에 도착해 조리사복으로
갈아입고 교실에 들어가려면 7시에는 집에서 출발해야 했다. 때문에 새벽에 일
어나서 아이의 간식을 미리 준비해 두었다. 오후 5시까지 서서 쉴 새 없이 케
이크를 만들고 나면 다시 집으로 돌아가 아들의 저녁을 차려주고 학원에 보내
야 했다.

"왜 이렇게 살아야 하지? 오늘 우리 딸 밥도 못 먹고 학원에 갈 텐데."

"지금 빨리 달려가서 밥을 줘도 우리 아들 학원에 늦을 것 같아."

같은 반 친구 은경이와 탈의실 바닥에 앉아 푸념을 하곤 했다. 한창 사춘기였던
아들이 학교에서 친구와 싸우고 다치면 내 탓인 것 같아서 더욱 속상했다. 하지
만 '엄마에게도 엄마의 인생이 있는 거니까'라고 생각하며 마음을 다잡았다.

지금도 가끔 첫 날의 오리엔테이션이 생각난다. 새하얀 조리사복과 모자, 앞치
마, 레시피 북, 그리고 수업에 쓰일 도구가 담긴 가방을 받아들고는 얼마나 가슴
이 뛰었는지 모른다. 남편과 아들에게 마구 자랑을 하고 각각의 도구에 이름을
적은 스티커를 붙이며 설레는 마음으로 첫 수업을 기다렸던 그 때. 하루 종일 케
이크를 만들어서 다리가 퉁퉁 붓고, 손이 수세미처럼 거칠어지고, 침대에서 일
어나기도 힘들 때면 그때의 기억을 떠올리며 마음을 굳게 먹는다. 새파란 르 코
르동 블루 마크가 달린 조리사복을 보며 내 꿈이 다 이루어진 듯 설레던 그 순간,
출발선에서 초롱초롱하게 눈을 빛내던 나를 다시 떠올려 본다.

반에서 가장 나이 많은 학생

모든 것이 낯설었던 첫 수업.

무거운 냄비와 볼을 들고 이리저리 왔다갔다 바쁘게 움직이다 손목을 삐고 말았다. 긴장한 탓인지 수업시간에는 아무렇지 않았는데 집에 오니 손목이 욱신거렸고, 며칠 동안 아파서 손을 쓸 수가 없었다. 르 코르동 블루의 요리 과정을 수료하고 제과 수업을 함께 시작한 수민이가 말했다.

"요리 수업 때는 더 무거운 것을 들어야 하고 토끼도 직접 조리해야 해요. 요리에 비하면 제과는 소꿉놀이에요."

"무슨 소꿉놀이가 이렇게 힘들어?"

역시 나이는 숨길 수 없는 것일까. 어린 학생들(갓 고등학교를 졸업한 학생도 많았다)은 빠릿빠릿 잘도 움직이는데 나 혼자만 행동이 굼뜬 것 같았다. 긴장해서인지 나이가 들어 눈이 침침해졌는지 레시피도 처음에는 흐릿흐릿 잘 보이지 않았다. 문득 정신을 똑바로 차려야겠다는 생각이 들었다. 집에서 살림만 하면서 약해진 체력과 정신력으로는 수업을 견딜 수 없을 것 같았다.

르 코르동 블루의 생활은 이렇게 이루어졌다. 오전 9시부터 셰프가 데모 수업을 선보이고 나면 점심을 먹고 오후 1시부터 5시까지 본격적인 실습에 들어갔다. 머리를 단정하게 묶고, 조리사 모자와 앞치마를 착용한 뒤 실습실 앞에 줄을 섰다. 셰프가 시연 제품 중 한 가지 품목을 만들고, 그날그날 평가를 받았다. 시간 내에 실습을 마치지 못하면 점수가 깎일 뿐 아니라, 전체 수업을 마치는 시간이 지체되어 다른 학생에게 피해가 가므로 실습실은 긴장의 연속이었다. 게다가 조금만 정신을 놓으면 바로 실수로 이어지고 처음부터 다시 시작해야 하는 황당한 사태가 발생할 수도 있었다.

학생은 12명이지만 저울은 8개뿐. 서둘러서 계량부터 시작해야 했다. 줄을 서서 계량을 끝내고 작업대로 돌아와 실습을 하는 도중 사용한 볼과 도구를 설거지 해야했다. 복장뿐 아니라 위생 상태도 점수에 들어가기 때문이다. 같은 레시피, 같은 양의 재료로 만든 케이크지만 결과물은 조금씩 다 달랐다. 셰프는 귀신같이 실수를 알아채고는 계량이 잘못된 것인지, 조리과정이 잘못된 것인지를 짚어냈다.

프랑스어를 전공한 덕분에 셰프와는 짧은 불어로 대화가 가능했다. 실습시간에 불어를 알아듣고 이야기하는 나를 보고 셰프가 물었다.

"불어는 어떻게 할 줄 아는 거야?"

"대학 다닐 때 전공이 불어였어요."

눈을 동그랗게 뜨고 깜짝 놀라는 셰프를 보자 어려운 대화까지 기대할 것 같아 덧붙였다.

"그런데 너무 오래된 일이라서 다 까먹었어요. 졸업한지 20년 가까이 되었거든요."

"그럼 너 정말 늙었구나."

인생의 반을 살고 나서야 하고 싶은 일을 찾아낸 나는 늙은 학생이었다. 체력도 젊은 친구들보다 달렸고, 아침에 하고 나와야 할 일들도 많아서 학교에 도착하면 이미 지쳐버릴 때도 있었다. 하지만 그만큼 그 순간이 소중한, 절실함이 내게

있었다. 나이가 드는 것은 두려움이 많아지는 것
이라고 누가 말했던가. 하지만 어느 광고 문구처
럼 언제까지 부러워만 하다가 인생을 끝낼 수는
없었다. 힘이 들 때면 컴퓨터에 저장해 놓은 동영
상을 보며 힘을 냈다. 프랑스 제과점 '블레 슈크레
ble sucre'에서는 새벽 5시부터 케이크를 만든다. 이
제과점에서는 마치 재래시장의 그것처럼 생생한
활기가 느껴졌다.

한순간도 쉼 없이 집중해서 무언가를 만들어 냈
던 적은 그때가 처음이었다. 이제와 생각해 보면
그 순간들이 나를 더 단단하게 만들어준 것 같다.
반복해서 만들며 훈련했던 시간들은 지금 내가
어떤 문제에 부딪혔을 때 그 문제를 해결할 수 있
는 능력을 가질 수 있게 해 주었다. 어린 학생들
사이에서 웃고 있는 졸업 사진이 자랑스럽게 느
껴진다. 궤변 같지만 나이 든 사람은 젊은 사람보
다 더 무한한 가능성을 갖고 있다고 생각한다. 이
루고 싶은 꿈은 나이와는 상관없이 가질 수 있고,
나이가 몇 살이건 간에 목표가 있다는 것은 설레
는 것이니까.

르 코르동 블루의 탈의실

탈의실에 카메라가 설치되어있으면 얼마나 재미있을까?

이렇게 말하면 '혹시 변태?'라고 생각할 수도 있겠지만 남을 훔쳐보는 게 아니라 그곳에서만 나눌 수 있는 은밀한(?) 재미가 있기 때문이다.

오전 9시 수업을 위해서 탈의실은 8시부터 개방되었다. 수업이 시작되면 탈의실 문은 잠기고, 수업이 끝나기 전까지는 아무도 들어갈 수 없다. 이는 수업에 늦은 학생들이 참여하지 못하게 하기 위함이기도 했다. 물론 가끔은 집에서 조리복을 입고 와 바로 교실에 들어가는 편법을 쓰는 학생도 있었지만.

격식을 차리거나 긴장할 필요가 없는 곳이라서인지 탈의실에서 만나는 사람들은 쉽게 친해졌다. 바로 옆 락커를 쓰던 요리 과정의 친구와도 그곳에서 만나 친해지게 되었다.(르 코르동 블루에는 요리, 제과, 제빵과정이 있는데 탈의실은 다 함께 썼다.) 사실 요리는 제과보다 훨씬 힘들고 체력 소모가 많은데도 그녀는 언제나 밝았다. 우리는 항상 "오늘 뭐 배웠어요?"라는 질문으로 대화를 시작했다. 광어요리를 했다는 그녀에게 "와, 맛있겠다. 소스는 어떤 걸 썼나요?"라고 물었고, 나 역시 그날 배운 케이크에 대해 이야기하며 서로 침을 삼키곤 했다. 작고 좁은 공간이라처음에는 불편하고 낯설었지만 오랜 시간을 보내다 보니 좁은 탈의실이 오히려 더 편안해졌다. 수업 후 옷을 갈아입다가 비좁은 바닥에 철퍼덕 주저앉아 다른 학생들의 대화를 엿듣는 것도 큰 즐거움이었다.

"나 오늘부터 이탈리아어랑 프랑스어 과외 시작해."

"정말? 너 진짜 부지런하다."

"셰프랑 불어로 대화도 해보고 싶고, 나중에 이탈리아에 가서 요리를 더 배우

고 싶기도 해."

"어제 실습할 때 뇨끼 반죽에 치즈 넣는 걸 깜빡했지 뭐야? 셰프가 한심한 표정으로 날 보더니 돌이킬 수 없으니 대신 소스에 치즈 향을 한껏 내라던데."

"실습하다가 칼에 손을 베어서 꿰매고 돌아 왔거든. 셰프가 어떠냐고 물어봐서 괜찮다고 했더니 하던 거 마저 끝내라는 거 있지? 오기가 나서 다 끝냈잖아."

때로는 비명이나 한숨 소리가 수다에 섞여 나오기도 했다. 그도 그럴 것이 요리나 제과 모두 몇 시간씩 쉴 새 없이 뛰어다니며 실습을 해야 하므로 실습 후에는 다들 녹초가 되기 마련이었다. 더욱이 실기시험이 끝난 날은 정말 초죽음 상태가 되기에 탈의실 바닥에 쪼그리고 앉아 하소연을 하기도 했다.

한번은 윗칸을 쓰던 친구가 내 락커 틈에 쪽지를 넣었는데, 그녀가 아끼던 귀걸이가 락커의 좁은 틈 사이로 떨어진 것 같다는 내용이었다. 혹시 찾게 되면 프런트 데스크로 가져다 주면 고맙겠다는 것. 락커 바닥을 뒤지니 정말 작은 귀걸이가 있었다. 종이에 잘 싸서 직원에게 전해 주었더니 다음날 내 락커에 작은 초콜릿과 쪽지가 붙어 있었다.

정말 고마워요. 제가 아끼던 소중한 물건인데 찾게 되어서 너무 기뻐요. 감사합니다.

르 코르동 블루를 졸업하던 날, 자신의 락커를 비우며 다들 무슨 생각을 했을까. 지금도 컵라면이 숨겨져 있을까? 수업 후에 허겁지겁 먹던 작은 컵라면이 그리워지는 밤이다.

개성만점 셰프 3인방

넉넉한 인심만큼이나 불룩한 배를 가지고 있던 셰프 장 피에르 제스탱.

한국 음식과 드라마를 좋아했을 뿐 아니라 태권도까지 배우고 있었던 그는 초콜릿을 다루는 날이면 미리 맛보라며 접시에 담아주곤 했다. 제과를 시작하고 나서 몸무게가 10㎏이나 늘었다면서 초콜릿을 건네며 꼭 덧붙이곤 했다.

"이건 살 안 쪄."

상급과정 지도 셰프였던 그는 사소한 것에 연연해 하는 나를 항상 안심시켰다. 바로 옆에서 실습을 했기 때문에 실수가 잘 들통 났는데, 그럴 때마다 그의 대답은 한결같았다.

"넌 이젠 상급과정이잖아. 걱정할 것 없어, 잘할 수 있어."

케이크를 만드는 일은 온종일 서서 해야 하는 육체노동이기 때문에 정말 죽을 것처럼 힘들 때가 있다. 그럴 때마다 장 피에르 셰프가 생각나곤 한다. 내가 힘들어할 때마다 한 마디씩 건네던 그의 말을 따라하며 웃게 된다.

"이거 참 쉬운 거야. c'est facile"

초급 과정에서 지도를 받았던 프랑크 콜롱비에 셰프는 장 피에르와는 정반대였다. 대충했다가는 정말 큰일이 날 것 같은 포스로 우리를 압도하곤 했다. 언제나 정확하게 제품의 정확한 계량과 사이즈를 일러주는 것은 물론 데코레이션까지 섬세하게 마무리해 학생들의 감탄을 자아냈다.

"셰프! 셰프는 언제부터 케이크를 만들기 시작했나요?"

"부모님이 레스토랑을 하셔서 어릴 때부터 부엌이 내 놀이터였어."

수업 중에는 엄하고 평가시간에는 깐깐했지만 시식할 케이크를 항상 넉넉하게 만들어 둔 것을 보고 그의 따뜻한 마음을 느낄 수 있었다.

중급 과정의 중간부터는 파리 르 코르동 블루의 장 프랑소와 드기네 셰프에게 배우게 되었다. 그가 잘 하는 한국말은 '빨리빨리'로, 두 셰프와는 또 다른 매력

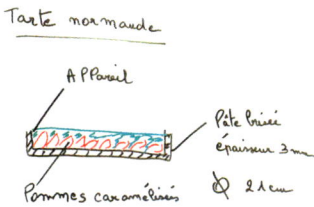

Tarte normande

A Pparil

Pâte brisée
épaisseur 3 mm

Pommes caramélisées

Ø 21 cm

의 소유자였다.

"몇 분 구워야 하나요?"

"익을 때까지 적당히 구워."

"어떻게 데코 할까요?"

"하고 싶은 대로 해. 하지만 예쁘게."

카페 오픈 후 장 피에르 셰프가 듀자미를 방문해 주었다.

"여기 오픈한 지 얼마나 됐니?"

"작년 11월이요."

"아, 너 정말 새내기 셰프구나."

학생들을 가르칠 때도, 제품을 만들 때도 항상 마음속에 함께하는 셰프 세 분. 나는 어떤 셰프가 될 수 있을까. 드라마 '파스타'의 셰프처럼 카리스마 있으면서 버럭 버럭 화를 잘 내는 셰프? 아니면 인자한 장 피에르 셰프? 깐깐한 프랑크 셰프? 익살스런 프랑소와 셰프?

런치 클럽

직장이나 학교에서 빠질 수 없는 즐거움은 바로 점심시간!!

르 코르동 블루 시절의 점심시간도 그랬다. 셰프의 시연 수업이 끝나고 디저트를 시식하고 나면 바로 점심시간이 찾아왔다. 달달한 것들을 먹은 뒤라서 점심은 떡볶이, 매운 우동, 고추 김밥 등 매운 음식을 즐겨 먹었다.

오전에 있었던 데모시간 이야기, 셰프나 스텝들의 뒷담화까지 정신없이 수다를 떠느라 밥 먹는 것은 뒷전이었을 때가 많았다. 점심 먹는 멤버들은 정해져 있었다. 연습벌레 은경, 유나, 슬기, 자현, 승아, 조안, 지은, 그리고 나. 제각각 나이도 다르고 해 오던 일들도 달랐지만 '케이크'라는 공통분모가 있었고, 멋진 디저트만 보면 정신을 잃는다는 특징이 있었다.

은경이는 반에서 유일하게 나와 같이 아이를 키우는 주부였다. 그저 디저트 만드는 것이 좋아서 오랫동안 돈을 모아서 르 코르동 블루에 오게 되었다고 했다. 졸업시험 때는 10번 이상 연습한 멋진 케이크와 초콜릿 공예를 선보여 사람들을 놀라게 했다. 가끔 2인 1조 실습을 하게 되면 그녀의 성실한 모습에 나도 모르게 바짝 긴장을 하곤 했다.

유나는 요리를 잘 하시는 어머니의 영향으로 푸드 스타일링 일을 하던 친구로, 얌전하지만 특유의 재치 있는 말투로 항상 긴장을 풀어주었다.

슬기는 이태원의 유명한 타르트집 셰프로 일했다. 대학 때부터 조리를 전공하고

뉴욕으로 유학까지 다녀온 그녀는 끊임없는 호기심과 탐구정신으로 프랑스 제과를 배웠다. 당시 멋진 애인과 열애 중이었는데, 지금쯤 결혼은 했을까?

자현이는 우리 반 막내로, 집이 멀어서 항상 새벽에 일어나는지라 가끔씩 데모시간에 졸아서 웃음을 안겨 주었다. 지하철에서 그녀가 들고 있던 케이크를 본 한 아줌마가 너무 특이하다며 사겠다고 했단다. 작은 케이크를 여러 개 만든 날은 하나만이라도 팔라고 성화를 하는 바람에 판매한 적도 있다고 했다.

승아는 발레를 하다가 베이킹에 빠지게 된 케이스였다. 야리야리했던 몸으로 언제나 힘들어 보여서 걱정했지만, 졸업할 때는 정말 난이도 있는 케이크를 만들어 냈던 친구.

미국 교포였던 조안은 셰프의 불어도, 통역 선생님의 한국어도 잘 알아듣지 못해 많이 힘들어 했는데 언제나 색다른 케이크 데코레이션으로 눈길을 끌곤 했다. 부모님이 목장을 운영한다는 지은이는 졸업 후 집에서 키운 소젖으로 만든 치즈케이크 전문점을 열고 싶다고 했다.

하던 일도 다르고, 앞으로 하고 싶은 일들도 조금씩은 달랐지만, 모두를 한자리에 모이게 한 것은 케이크에 대한 열정이었다. 때문에 우리들의 점심시간은 수업 시간만큼이나 늘 따뜻하고 즐거웠다.

냄비 태우지 말라고!

케이크를 만들 때 가장 많이 만들게 되는 크림이 바로 *크림 파티시에르 crème pâtissière다.

커스터드 크림으로 잘 알려져 있는 이 크림은 흔히 크림빵이나 슈크림 속에 들어
간다. 노른자, 설탕, 전분, 밀가루를 넣은 볼에 우유를 데워 섞은 뒤 다시 냄비에
모두 넣고 풀처럼 끓이는 것인데, 이때 풀 같은 크림이 바닥에 눋게 되면 냄비를
태우게 된다. 지금도 크림 끓일 때 가끔씩 셰프의 목소리가 들리는 듯하다.

"냄비 태우지 마라!"

하지만 제과 실습실에 쌓여있는 냄비 중 3분의 1정도는 바닥이 타서 검게 그을려
있었다. 크림 파티시에르를 조금씩 태운 흔적들.

지금 생각하면 '왜 바닥에 눌어붙어 탈 때까지 끓였는지' 싶다. 하지만 다들 한
번쯤은 그런 실수를 해본 적 있을 터. 잠시만 한 눈 팔면 크림이 덩어리지면서
바닥에 붙어버렸다.

바닐라빈을 넣으면 은은한 풍미를 느낄 수 있어서 고급 슈크림을 만들 때는 바
닐라빈을 넣는다. 용도에 따라 휘핑한 크림과 섞기도 하고 녹인 초콜릿과 섞어
초콜릿 크림 파티시에르를 만들 수도 있다. 처음에는 복잡하게 보이지만, 여러
번 끓이다 보면 이보다 쉬운 게 없다. 무엇이든 반복 연습이 중요하기 때문. 자,
그럼 함께 도전해 볼까?

crème pâtissière

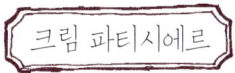

크림 파티시에르

※ 재료 | 약 270g

우유 200g, 설탕 55g, 달걀노른자 32g, 옥수수 전분 · 박력분 10g씩, 바닐라빈 1/2개

※ 이렇게 만드세요

1. 냄비에 우유와 바닐라빈 씨를 넣고 끓여요.

2. 볼에 노른자와 설탕을 넣고 미색이 될 때까지 거품기로 휘핑한 뒤 체 친 옥수수 전분과 박력분을 넣고 섞어요.

3. 우유가 끓으면 ②의 볼에 조금씩 부어가며 거품기로 섞은 뒤 다시 냄비에 붓고 불에 올려요.

4. 걸쭉해질 때까지 거품기로 힘차게 젓다 바글바글 끓으면 불에서 내려요.

5. 납작한 그릇에 옮겨 담고 랩으로 밀착시켜서 식혀요. 냉장 보관할 때는 밑이 넓은 그릇에 커스터드 크림을 얇게 펼친 뒤 랩을 씌워 주세요.

 크림 파티시에르는 요모조모 활용도가 높아요. 식빵이나 크래커 위에 크림을 바르고 딸기, 오렌지 같은 과일을 얹어 먹으면 맛있어요. 빵 속에 넣으면 크림빵이 되고, 구운 타르트지 위에 붓고 과일을 얹으면 과일타르트가 완성됩니다. 녹인 초콜릿이나 커피를 넣어 색다른 맛을 즐겨도 좋습니다.

크림 파티시에르 crème pâtissière   제과의 기초가 되는 크림으로 옛날에는 제과점에 출근하자마자 가장 먼저 만들어 두는 크림이어서 '빵 만드는 사람의 크림'이라는 이름이 붙여졌다고 한다.

추억의 타르트

쉽게 녹아버리는 버터 때문에 여름철 타르트 수업은 차가운 제빵실 작업대에서 했다.

온도가 올라가서 반죽 속의 버터가 녹아 말랑해지면 작업하기 힘들어지기 때문이었다. 셰프가 없는 제빵실에서 즐겁게 타르트지를 밀었던 시간들을 떠올리며 타르트에 대한 행복한 추억 하나를 더해 본다.

수업 때 타르트지를 미는 풍경도 잊지 못한다. 반죽이 바닥에 붙지 않게 하기 위해서 덧밀가루를 바닥에 뿌려야 하는데, 드라마 〈제빵왕 김탁구〉에서 탁구가 빵반죽을 할 때의 모습처럼 셰프가 밀가루를 한번에 균일하게 흩뿌리던 것을 보며 모두가 감탄하곤 했다.

타르트 반죽은 단맛이 적은 반죽인 파트 브리제 ᵖᵃᵗᵉ ᵇʳⁱˢᵉᵉ 와 단맛이 나는 파트 슈크레 ᵖᵃᵗᵉ ˢᵘᶜʳᵉᵉ 가 있다. 키슈를 구울 때는 보통 파트 브리제를 사용하고, 아몬드 크림을 넣어 구워내는 타르트에는 파트 슈크레를 활용하지만 취향껏 응용해도 좋을 것 같다.

타르트는 레시피에 따라 타르트지를 먼저 바삭하게 구운 뒤 안에 필링을 채워서 만드는 방법과 처음부터 필링을 채워서 타르트지와 같이 굽는 방법이 있다. 타르트의 매력은 내 마음대로 필링을 선택할 수 있다는 것. 커스터드 크림을 만들어서 잘 구워진 타르트 틀에 넣고 제철 과일을 얹으면 화려한 느낌의 타르트를 만들 수 있다.

베이킹을 처음 시작했을 때 구울 때마다 줄어드는 타르트지 때문에 난감했던 기억이 있다. 타르트지를 틀에 잘 밀착시키는 것도 중요하지만 굽기 전에 타르트 틀에 얇게 민 타르트지를 넣고 냉동실에서 몇 시간 휴지시켜주면 줄어드는 것을 조금 방지할 수 있다.

달지 않은 타르트 반죽

[애플파이, 키슈, 크림 치즈타르트를 만드세요]

❋ 재료 | 약 310g
박력분 162g, 차가운 버터 80g, 달걀 47g, 차가운 물 25g, 소금 1g

❋ 이렇게 만드세요
1. 체 친 박력분에 잘게 자른 버터를 넣고 손으로 보슬보슬해지도록 비벼서 버터에 밀가루를 골고루 묻혀요.
2. 가운데를 동그랗게 비운 다음 푼 달걀, 차가운 물, 소금을 넣어요.
3. 스크래퍼로 반죽을 안쪽으로 모으듯 섞어요.
4. 반죽을 한 덩어리로 만들어 평평하게 만든 뒤 냉장고에서 1시간 이상 휴지시켜요.

달콤한 타르트 반죽

[초콜릿타르트를 만드세요]

❋ 재료 | 약 210g
박력분 110g, 버터 65g, 슈가파우더 43g, 달걀 20g, 아몬드가루 18g

❋ 이렇게 만드세요
1. 실온에 둔 부드러운 버터에 슈가파우더를 넣고 섞어요.
2. 달걀을 3번 정도 나눠가며 섞은 뒤, 체 친 박력분, 아몬드가루를 넣고 섞어 주어요.
3. 반죽을 랩에 싸서 1시간 이상 휴지시켜요.

첫 시험

어떤 형태의 시험이든 '시험'은 언제나 사람을 긴장하게 만든다.

나이가 들어도 그 긴장감은 여전하다. 최근 가장 떨렸던 시험은 영어 교사자격 증인 테솔TESOL 시험이었다. 굳어버린 머리를 탓하며 밤새도록 공부를 했고, 영 어로 면접을 치르느라 진을 뺐다. 결국 자격증을 따고 몇 년간은 영어선생님으 로 일을 했지만 곧 전업주부로 눌러 앉고 말았다.

정말 나에게 맞는 길은 무엇일까.

결혼 후 늘 같은 고민을 하던 나는 어느새 르 코르동 블루에 입학해 첫 시험을 앞 두고 있었다. 르 코르동 블루의 시험 문제는 제비뽑기로 정해진다. 작은 볼에 들 어 있는 종이를 고르면 내가 만들 제품의 이름이 적혀 있었다. 3시간 만에 쉴 새 없이 만들어 평가대 위에 제품을 올려두면 셰프들이 잘라서 맛과 모양을 보고 최 종 점수를 매겼다. 필기 시험 점수는 괜찮았지만, 실기는 떨리고 자신이 없었다. 실전에 강하지 못하다는 징크스가 있었기에 정해진 시간에 무언가를 만들어내 야 하는 실기 시험은 많은 긴장이 되었다.

두근두근… 정말 희비가 엇갈리는 현장이었다.

초급 과정이라 무엇을 뽑든 난이도는 비슷했지만 모두들 손이 많이 가고 시간도 오래 걸리는 것은 피해가고 싶어했다. 종이를 펼치니 이렇게 쓰여 있었다.

서양배 샤를로트

크게 어려울 것 없는 무난한 제품이어서 안도의 한숨이 절로 나왔다. 하지만 '초 콜릿타르트'를 뽑은 학생들은 울상이 되고 말았다. (초콜릿타르트는 타르트지, 시트, 가나 슈, 누가틴까지 만들어야 해서 손이 많이 간다.)

예감이 좋았다. 우선 머릿속으로 작업 순서를 그린 뒤 재빨리 계량했다. 가장 먼 저 만들어야 할 것은 바로 비스퀴. 달걀흰자와 설탕을 믹스해 거품을 낸 뒤 짜주 머니에 넣고 길게 짜서 오븐에 구웠다. 다른 친구들도 조용히 자신의 품목을 시

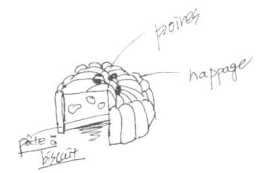

작했다. 비스퀴가 오븐에서 구워져 나올 무렵에는 떨리던 마음도 조금씩 진정이
되었다. 다음은 비스퀴를 무스 틀에 알맞게 잘라 넣고 크림을 만들어 채워 넣을
차례. 크림을 짜면서 뚜껑으로 쓸 비스퀴의 모양이 똑바르지 않은 것이 좀 거슬
렸지만 이미 건너간 강이었다. 작업에 열중하다 보니 어느덧 여유가 생겼고, 작
업이 술술 풀려 예상시간보다 일찍 완성했다. 이제 주사위는 던져졌다.

셰프는 같은 제품을 만든 학생들의 작품을 품목별로 그룹을 지어 평가를 했다.

"a는 술을 분량보다 많이 넣은 것 같아."

"b는 술을 안 넣은 것 아니니?"

드디어 내 차례.

"잘 했는데, 뚜껑 부분을 더 예쁘게 짜지 그랬니?"

역시, 나도 그게 마음에 걸렸는데 막상 그 말을 들으니 아쉬움이 남았다.

셰프는 평가 후 제일 잘한 3명만 바로 성적을 발표했다. 3등, 2등…. 모두 부러운
듯 쳐다보았다. 시험 운이 없다고 낙심할 무렵 갑자기 내 이름이 호명되었다.

"나?"

믿기지 않아 옆을 돌아보았는데 학생들이 고개를 끄덕여 주었다. 살아오면서 1
등을 단 한 번도 해보지 못했기에 기뻤고, 늦은 나이에 시작한 공부라 고민이 많
았는데 갑자기 자신감으로 충만되는 기분이었다. 집에 돌아와 남편에게 자랑을
했지만 믿지 않는 눈치였다. 하지만 그가 믿든 믿지 않든 나도 무언가를 잘 할 수
있다는 생각에 마냥 행복했다.

첫 시험에 1등을 한 나는 성적보다 더 큰 자신감을 선물 받았다. 그 시험 이후로
는 나의 길에 대해 의심하지 않게 된 것도 또 하나의 선물이다.

프랑스풍 파이의 세계

*페유타주는 언제 봐도 신기했다.

밀가루, 물, 소금을 넣고 만든 반죽에 얇게 민 버터를 감싸서 밀대로 밀어서 3절 접기를 2번하고 그 과정을 2번 더 반복한 뒤, 오븐에 구우면 파이 결이 살아나서 부풀어 오른다.

오븐 속에서 부풀어 오르는 반죽을 보고 있으면 정말 기분이 좋아진다. 버터의 풍미는 아주 매혹적인 것이어서 중독되면 헤어날 수 없게 된다. 삼순이 파이로 더 잘 알려진 *밀페유도 이렇게 만든다. 특히 밀페유는 부풀어 오르는 반죽을 철판으로 눌러 바삭한 층이 압축되게 만든 것으로, 미국식 명칭은 나폴레옹인데 실제로 나폴레옹이 이 과자를 좋아했다는 이야기도 전해지고 있다.

한입 베어 물면 천 겹의 나뭇잎이 바스스 부서지는 것처럼 부스러기가 떨어져서 서양에서는 점잖은 자리에서는 먹지 말아야 할 디저트이기도 하다. 같은 반죽으로 만들 수 있는 것은 아몬드 크림으로 속을 채운 파이인 갈레트 데 루아 galette des rois, 애플 잼을 채운 방드 오 폼므 bande aux pomme, 하트모양으로 만든 팔미에 palmiers, 레몬 크림파티시에르로 속을 채운 비숑 bichons 등이 있다.

달콤한 크림을 대신해 짭짤한 재료를 넣고 만들 수도 있는데, 앤쵸비나 올리브를 넣고 만들면 스파클링 와인과 궁합이 잘 맞는다. 수업 후 와인과 함께 먹었던 짭짤한 파이들. 그 맛은 정말 환상적이라 먹을 때마다 "한잔만 더!"를 외치곤 했다. 반죽을 만들어 냉동해 두었다가 쓸 수도 있어서, 시간 날 때 만들어 두면 편리하다.

*페유타주 feuilletage 미국식으로는 페이스트리, 프랑스어로는 페유타주라고 부른다.
*밀페유 mille-feuille 천 겹의 나뭇잎처럼 결이 살아있는 파이

바삭 바삭 부서지는 파이 반죽

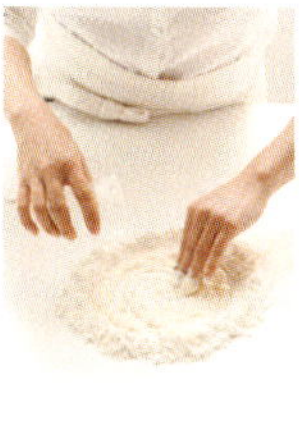
1

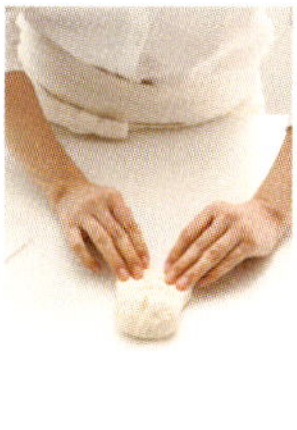
2

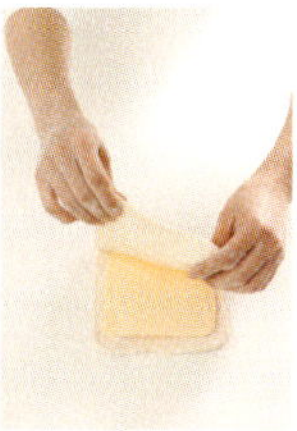
3

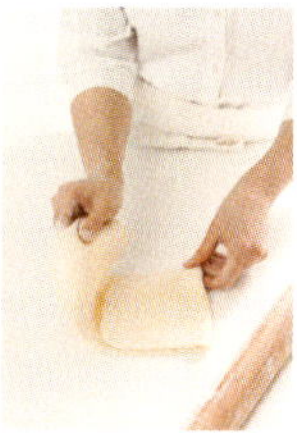
4

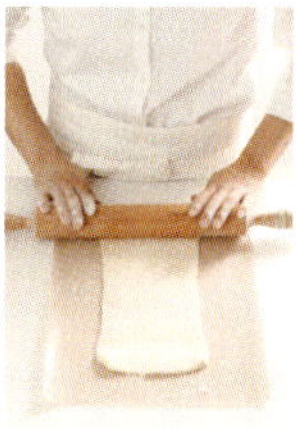
5

※ **재료** | 약 230g

박력분 105g, 버터(충전용) 75g, 물 55g, 버터 12g, 소금 2g

※ **이렇게 만드세요**

1 충전용 버터는 밀대로 납작하고 편평하게 민 다음 냉장고에 넣어 두어요.
박력분은 체에 내려 볼에 담고 소금을 섞은 뒤 한가운데에 구멍을 내고, 실온에 두었던 나머지 버터와 물을 넣고 섞어요.

2 반죽을 한 덩어리로 뭉친 뒤 칼로 윗 부분만 살짝 십자 모양을 내주세요.
칼집난 부분을 펴서 반죽을 네모지게 만든 다음 랩으로 싸서 30분~1시간 정도 냉장고에서 휴지시켜요.

3 휴지시킨 반죽을 꺼내 밀대로 길게 민 다음 냉장고에 두었던 충전용 버터를 올리고 덮어줍니다.
다시 길게 밀어서 고르게 펴주세요.

4 반죽의 양 옆을 3절로 접은 다음 직사각형이 되도록 밀어요.

5 냉장고에서 15분 정도 휴지시킨 뒤 3절로 접고 미는 과정을 2번 반복해 주세요.

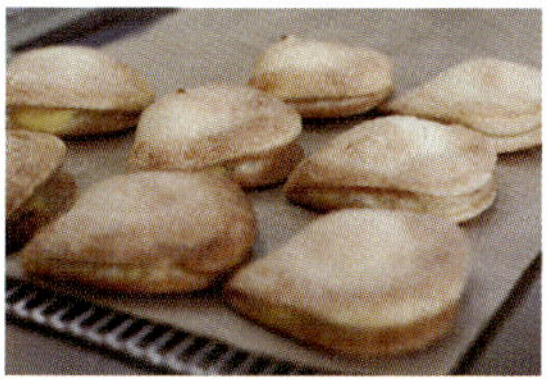

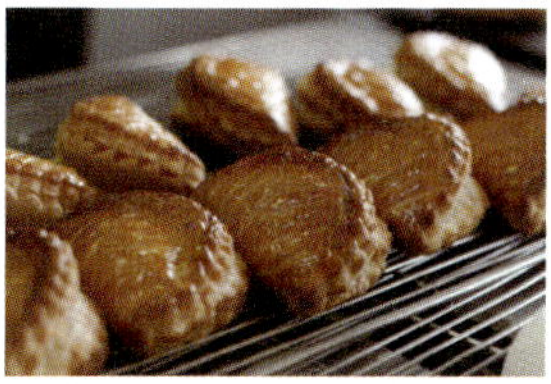

mille-feuille
galette des rois
bande aux pomme
palmiers
bichons

제누아즈

"누가 이런 생각을 했을까?"

베이킹을 하다보면 이런 질문을 하게 되는 경우가 많다. 새로운 학문을 접했을 때의 경이로움이란!

달걀 반죽을 따뜻하게 만든 뒤 거품기로 섞어주면 반죽이 마치 폭발할 것처럼 부풀어 오른다. 처음에는 얼마나 신기했는지 모른다. 반죽을 하고 있을 때 아들이 이 과정을 보면 신기해하면서 직접 해 보고 싶다고 조르곤 했다.

*제누아즈는 바로 이 달걀 반죽으로 만든다. 반죽을 만들어 팬에 붓고, 오븐에 넣으면 기분 좋게 부풀어 오르는데 처음 만들 때는 반죽이 푹 퍼져 떡처럼 되어 나오는 실수를 몇 번 반복했다. 때문에 제누아즈 굽기에 성공했을 때는 마치 어릴 적 제일 갖고 싶었던 인형을 선물로 받았을 때의 기쁨과 같았다.

레시피를 보면 쉬울 것 같아도 막상 따라 하다 보면 생각대로 되지 않는 게 베이킹이다. 모르는 사람들은 레시피가 있는데 왜 그대로 되지 않냐고 묻겠지만 인생이 그렇듯 베이킹도 항상 생각대로 되는 것은 아니다.

오븐에서 갓 나온 폭신폭신한 제누아즈를 우유에 찍어 먹으면 얼마나 맛이 있는지. 파티셰의 아침은 늘 이 제누아즈를 만드는 것으로 시작된다. 모든 무스 케이크의 기본 시트가 되기 때문이다. 처음 베이킹을 할 때는 아들이 제누아즈를 너무 좋아해서 숨겨 두어야 할 정도였다. 그러다가 아들에게 들키면, 우리가 나누는 대화는 내용은 늘 다음과 같았다.

"엄마 진짜 치사해!"

"치사해도 어쩔 수 없어. 더 맛있는 케이크 만들기 위해 남겨두는 거야."

우유에 찍어 먹으면 맛있는 제누아즈

❋ **재료 | 15cm 틀 1개**
달걀 140g, 박력분 86g, 설탕 80g, 버터 26g

❋ **이렇게 만드세요**
1 볼에 달걀을 넣고 거품기로 잘 푼 뒤 설탕을 넣고 고루 섞어요.
2 따뜻한 물 위에 ①의 볼을 올리고 반죽이 따뜻해질 때까지 거품기로 섞어 주세요.
3 반죽이 체온 정도로 따뜻해지면 볼을 물에서 내린 다음 뽀얗고 걸쭉해질 때까지 거품기
　로 계속 섞어 주세요.
4 체에 내린 박력분을 넣고 주걱으로 재빠르게 섞다가 녹인 버터를 2번에 나눠 넣고 위에
　서 아래로 뒤집듯이 섞어요.
5 유산지를 깐 틀에 반죽을 붓고 160℃로 예열한 오븐에서 25~30분 정도 구워 주세요.

*제누아즈 genoise　케이크를 만들 때 가장 기본이 되는 시트. 이탈리아의 도시인 제노바Genova에서 유래했다고 해서 붙어진 이름이다. 이탈리아의 카트린
　드 메디시스가 프랑스 왕인 앙리 2세와 결혼하면서 이탈리아의 요리사들을 데려와 프랑스 요리 발전에 기여를 했는데 그 중 하나가 제누
　아즈였다고 한다.

genoise with milk

그 해 겨울

그렇게 눈이 많이 내린 줄은 몰랐다.

가족들의 아침식사를 챙기고 난 뒤 정신 없이 차에 올라탔다. 눈이 너무 많이 내려서 기어가듯 달리던 차는 결국 이태원 고개 위에서 멈췄다. 미끄러운 언덕길을 올라가지 못하고 멈춰 선 차들이 이리저리 엉켜있었고, 교통경찰들은 모든 차를 우회시켰다.

수업 시간은 이미 30분이 지나 있었다. 행정실에 전화를 해서 오늘은 봐줄 수 있는지 물었다. '도착하지 못한 학생들이 많아서 수업을 조금 늦게 시작할 예정이니 얼른 오라'는 대답을 들었다. 콩닥콩닥 뛰던 가슴은 시간이 지날수록 자포자기 심정이 되어 오히려 편안해졌다.

우회한 차들은 거북이처럼 기어가다가 이리저리 엉키고, '차가 중요할까? 수업이 중요할까?'하는 생각에까지 이르게 되었다. 이제 더는 결정을 미룰 수 없어 가까운 곳에 주저 없이 차를 버려두고 지하철역으로 달려갔다. 가까스로 교실에 들어서니 이미 수업은 진행되고 있었다.

"널 더 기다렸어야 했는데, 먼저 시작해서 미안해. 놓친 부분은 수업 끝난 뒤에 말해줄게."

인자한 셰프는 웃으며 내 마음을 진정시켜 주었다. 이미 한 품목은 시연이 끝난 상태였고, 다음 품목인 '붉은 과일 소스의 앙트르메'를 진행하고 있었다. 아침 내내 긴장한 탓에 수업이 어찌 끝났는지도 몰랐다. 그런데 문제는 점심 식사 후부터. 상급 수업의 첫 시간이라 과정도 복잡하고 해야 할 것도 많았는데 정신은 안드로메다에 가 있는 것 같았다. 몇 번의 실수를 저지르고는 결국 셰프를 찾고야 말았다.

"오늘만 봐 주는 거야. 넌 이제 상급이잖아."

가까스로 수업을 마치고 집에 돌아오니 온종일 걱정하던 남편은 따끈한 핫초콜릿을 만들어주었다.

"정말 긴 하루였어."

수업이 시작되고 나면 절대 교실 문을 열어주지 않는다는 규칙을 알고 있기에 9시가 넘었을 때 그냥 집으로 돌아가려고 생각했다. 실제로 그날 학교에 오다가 포기하고 다시 차를 돌려 집으로 돌아간 친구는 예외적으로 늦은 학생에게도 관용을 베풀어 주었다는 사실을 듣고는 안타까워했다.

그해 겨울은 유난히도 눈이 많이 왔다. 일을 하다가 포기하고 싶어지는 순간이 오면 눈 내리던 그날을 생각하며 '포기도 습관이다'라는 말을 되뇌어 본다. 아무리 힘이 들어도, 불가능할 것 같아 보여도 어디엔가 길이 있는 거라고.

그날 배운 붉은 과일 소스의 *앙트르메는 프랑스 제과에서 많이 쓰이는 붉은 과일인 산딸기, 블랙커런트, 딸기를 넣은 컴포트(과일을 설탕에 졸인 것)와 화이트 초콜릿 무스가 조화를 이룬 달콤한 케이크였다. 눈이 오는 날이면 항상 앙트르메가 생각난다.

*앙트르메 entremets 정통 프랑스 정식 코스 중 요리 사이에 나오는 음식을 말한다. 현재는 식사 후에 먹는 후식의 의미로 사용된다.

파리, 스뗌므

프랑스 제과를 배우던 르 코르동 블루 상급 수업이 끝나갈 즈음 파리로 달려가고 싶었다.

"프랑스의 케이크는 어떨까? 파리지앵이 먹는 케이크는 어떤 모양이고 어떤 맛일까? 파리의 마카롱은 어떤 맛일까?"

정말 궁금했다. 그리고 꼭 알아야만 할 것 같았다.

상급 수업이 끝난 4월의 어느 날, 나는 파리의 거리를 걷고 있었다. 제과 공부를 함께 한 친구들과 같이 길을 걷다가 제과점이 보이면 언제나 멈춰 서서 보곤 했는데, 동네 제과점의 솜씨는 다 제각각이었지만 그 외에는 대부분 르 코르동 블루에서 만들어 본 것 같은 모양새의 앙트르메가 많았다.

"이렇게 반가울 수가!"

언제나 쇼케이스 앞에 서면 세상에서 가장 힘든 '선택'을 해야만 한다.

"산딸기가 듬뿍 올라간 타르트를 먹어볼까? 허브를 올린 화이트 무스를 먹어볼까?"

이럴 때는 먹을 수 있는 양이 한정되어 있는 뱃속이 원망스러웠다. 항상 결정하는 마지막 순간까지 망설이고 또 망설였다. 아마도 세상에서 가장 행복한 갈등일지 모른다.

여행자의 아침은 언제나 바쁘다. 현지인에게는 새벽 같은 시간에 나와서 돌아다니니, 그 시간에 문을 연 곳은 동네의 작은 빵집뿐이었다. 몸을 녹이려고 들어선 마레 지구의 한 빵집에서 굽는 바게트 냄새가 어찌나 좋던지. 작업대 위에서 발

효를 기다리던 반죽들이 정말 사랑스러웠다. 마음 좋아 보이는 세프는 내가 다가가서 사진을 찍자 쑥스러워하며 웃었다.

파리는 진정 디저트를 즐길 줄 아는 사람들로 가득 차 있는 것 같았다. 작은 식당에 가도 디저트로 커다란 컵 한가득 나오는 진한 초콜릿 무스를 맛볼 수 있었고, 마리아주 프레르mariage frere라는 유명한 티룸에서는 혼자 앉아 차와 함께 치즈 타르트와 딸기무스케이크를 즐기는 할머니가 인상적이었다.

거리의 노점에서 쌓아놓고 파는 샌드위치도, 바게트 대회에서 1등을 했다고 쓰여 있던 빵집의 바게트도 모두 다 맛이 있었다. 먹어도먹어도 질리지 않았던 풍부한 버터향의 크루아상도 잊을 수 없었다. 특히 루브르역 앞의 엔젤리나Angelina에서 먹었던 몽블랑과 핫초콜릿은 내 인생에서 잊을 수 없는 디저트가 되어버렸다.

"나는 어떤 빵쟁이가 되어야 할까? 어떤 케이크를 만들고 싶은 것일까?"

카메라로 그냥 찍기만 해도 예술사진이 되어버리는 도시, 파리의 한복판에서 나는 바라고 바랬다. 특별한 날만 먹는 케이크가 아닌, 생활 속에 스며들어 있는 디저트를 즐길 줄 아는 이들이 많아졌으면, 그리고 나도 그런 일에 동참할 수 있는 멋진 세프가 되었으면. 지도 한 장 들고 파리 시내를 누비며 최고의 디저트를 맛보던 그때의 추억들. 힘이 들 때마다 생각나는 '박카스'와 같은 추억으로 남아 있다.

메르씨, 셰프

데모수업이 끝나갈 무렵이면 쉴 새 없이 셰프를 돕던 조교가
반짝거리는 새하얀 접시를 작업대 위에 주르륵 올려놓는다.

수업 중에 만든 셰프의 케이크가 접시에 오르는 그 순간을 우리들은 제일 사랑
했다. 정성껏 만든 여러 가지의 예쁜 케이크 조각들이 접시 위에 가득 담기면 자
리로 가져와 맛을 볼 수 있었다. 눈으로만 상상했던 셰프의 케이크를 맛 볼 수
있는 행복한 수업 시간.

"고마워요, 셰프! Merci, chef"

감사 인사가 나도 모르게 입 밖으로 나왔고, 셰프는 흐뭇한 얼굴로 우리들을 바
라보곤 했다.

"아. 정말 상상했던 그 맛이야!"

"와. 이건 정말 뜻밖의 맛이네!"

"나도 이런 맛을 낼 수 있을까?"

너무 예뻐서 저마다 한 마디씩 하며 먹기 전에 사진을 찍어두었다. 아주 작은 한
조각의 케이크에 즐거워하던 그때를 떠올리면 지금도 입꼬리가 올라간다. 결혼
후 친정 엄마의 음식이 먹고 싶은 것처럼 가끔씩 그 케이크가 먹고 싶을 때가 있
다. 이럴 때는 셰프가 만들었던 케이크 사진을 보며 위안을 얻는다. 하지만 생각
해 보니 이 말을 건네지 못한 것 같다.

"셰프가 만들어 주신 케이크가 세상에서 제일 맛있어요!"

파리의 작은 빵집에서 만난 마음씨 착해 보이는 셰프는 빵을 매장 안에서 손수
진열하고 있었다. 빵을 고르느라 그의 옆에 서 있다가 왠지 친근감이 느껴져서
서투른 프랑스어로 용기를 내어 물었다.

"매일 이렇게 빵을 만드는 일이 힘들지 않으세요?"

"이것이 내 인생이고, 빵을 만들 수 있어서 행복해요."

환하게 웃으면 대답해 주던 그의 모습.

레스토랑이나 빵집에 가게 되면 왠지 셰프들과 인사를 하고 싶어진다. 거창하게 말하자면 동지애 같은 것. 또한 이렇게 맛있는 케이크를 만든 사람은 누구인지 궁금해서이기도 하다.

빵을 만들 수 있어서 행복한 셰프처럼 나도 행복한 마음으로 오늘도 오븐 앞에 선다. 마치 사랑에 빠진 여인과 같은 마음으로 케이크를 굽는다.

Merci, chef

macaron
framboise 2 ₽,
caramel salé 3 ₽,
thé vert 1 ₽.
chocolat 5 ₽,
Earlgrey 2 ₽.

cheese cake 4.
chocolat cake 3

PART 2

평범한 주부
오너 셰프 되다

이제 갓 첫 발을 내디딘 새내기 파티셰의 좌충우돌
오너 셰프 되기. 세상에서 가장 맛있는 케이크를 만
들기 위해서 오늘도 빳빳하게 다림질한 앞치마를 꽉
조여매고 오븐을 예열해요.
가끔은 '만들어 주는 사람'이 아닌 '만들어 준 것을
맛있게 먹어 주는 사람'이던 시절이 그립지만 듀자미
에 오시는 분들을 위해 마음 한 조각을 나눕니다.

두친구

중년의 남녀가 손을 잡고 다정하게 걸어간다. 애인일까? 부부일까?

식당에서 말없이 밥만 먹는 중년의 남녀, 그들은 분명 부부이다. 애인과 밥을 먹을 때는 그렇게 아무 말없이 자기 앞에 놓인 접시만을 비우지는 않는다. 그들도 애인 사이였을 때는 아마 서로 이야기를 나누고 가끔은 서로 먹여주는 닭살 돋는 일들도 했을 것이다. 결혼 후 남녀가 서로에게 시들해진다는 것은 분명 슬픈 일이다. 연애 때처럼 가슴 설레는 사이는 아니더라도 친구같이 도란도란 수다를 떨거나 다정하게 손을 잡고 나란히 길을 걸을 수 있는 관계가 되어야 할 텐데….

영어학원에서 일할 때 친해졌던 미세스 카렐. 캐나다인으로 50대 중반인 그녀는 남편과 있을 때 언제나 생기가 있어 보였다. 서로를 바라보는 눈빛을 보면 안다.

"도대체 비결이 뭐예요?"

"우리 부부는 일주일에 한번은 꼭 예쁘게 차려입고 데이트를 해."

그녀의 대답. 그때 불현듯 부부간에도 노력이 필요하다고 생각하게 되었다. 하지만 살아가면서 여러 가지 이유로 '의식적으로' 노력을 하기는 쉽지 않다. 언제나 모든 '관계'에는 노력이 필요하다는 걸 알면서도 말이다.

그렇다면 우리 부부는?

"너와 더 많은 시간을 함께 하고 싶어."

나이 드니까 닭살 돋는 멘트를 아무렇지도 않게 날려 주는 남편님. 이 남자, 부부 사이의 관계를 어떻게 유지해야하는지 아는 것일까.

"진심이야?"

되물으며 믿지 않는 척 하지만 내심 기분은 좋다. 남편은 섬세하고 정확한 성격인 반면 나는 두루뭉술하기 때문에 참 많이 싸웠다. 신혼 초부터 남편의 결혼 철칙은 '아이는 하나만 낳고, 친구처럼 재미있게 지내자'였다. 부모님의 관심을 지나치게 많이 받고 자란 역효과라고 할 수 있겠다.

젊어서는 서로의 위치에서 바쁘게만 살아왔고, 각자 자신의 입장만을 내세우고, 때로는 강요를 하며 살았다. 그는 매사에 꼼꼼하지 못한 내 성격이 마음에 들지 않았을 테고, 나는 정확하다 못해 까칠해 보이는 그의 성격이 피곤했다. 그러다 보니 마찰도 많았다. 하지만 시부모님과 함께 살았던 우리가 온전히 부부만의 시간을 위해 즐겼던 놀이가 있었다. 바로 장보기와 주말 데이트였다.

결혼 전부터 어머니와 시장이나 마트를 자주 다녔던 남편은 나보다 장을 더 잘 봤다. 채소도 고기도 맛있고 신선한 것으로 쏙쏙 골라냈다. 뭐니뭐니해도 장보기 놀이의 하이라이트는 남편이 만들어 주는 요리였다. 그날 구입한 재료로 바로 만든 음식은 언제나 맛이 있었다. 사실 특별한 요리 솜씨가 아니더라도 다른 사람이 만들어 준 음식은 늘 맛있다. 서로 대화 없이 지내던 우리 부부에게 주말 데이트는 '이 왠수!' 하면서도 서로를 이해하고 소소한 행복을 즐길 수 있게 해 주었다. 사정상 주말 데이트 놀이를 하지 못한 날은 집에서 오붓하게 와인 잔을 기울이기도 했다.

카페 오픈을 준비하면서 우리는 분가를 했다. 13년을 부모님과 함께 살다 분가를 하니 다시 신혼이 된 기분이었다. 집에 커다란 작업대를 놓고 함께 레시피를 연구하면서 더 많은 시간을 같이 보냈고, 더욱 친한 친구가 되었다.

누구나 그렇듯 카페 이름에 대한 고민을 많이 했다. 프랑스풍 케이크를 판매할 계획이었으므로 프랑스어로 이름을 짓고 싶었지만 영어보다 생소해서 귀에 쏙 들어오는 이름을 찾기가 쉽지 않았다. 사람들이 쉽게 기억하는 것도 중요하지만 보다 의미 있는 이름을 짓고 싶었다. 여러 가지 고민 끝에 생각해 낸 이름이 바로 듀자미deux amis다. 사람들은 한글 표기만 보고 다양한 반응을 보이곤 했다.

"두 자매가 하는 거야?"

"두 친구가 동업했나 보군."

듀자미는 프랑스어로 '두 친구'라는 뜻이다. 남편과 내가 친구처럼 오래도록 함께 달콤하고 행복한 공간을 만들어가자는 의미에서 지은 이름이었다.

우리는 이제 정말 동지가 된 셈이었다. 듀자미에서 우리 부부의 인생 2막은 인생 파트너에서 사업 파트너로, 그렇게 달콤한 여정을 시작하게 되었다.

Deux Amis

우리의 공간

맥 빠진 크리스마스 당일보다 한참 들뜬 크리스마스 이브가 더 신나는 것처럼

여행지의 하루보다 여행가기 전 밤새 계획을 세우며 여행지에서의 즐거움을 상상하는 것이 더 즐거운 것처럼, 무엇이든 시작하기 전의 순간이 더 행복한지도 모르겠다. 카페 오픈 전 하루 종일 발품을 팔며 돌아다니고, 인테리어 현장에서 여러 사람들과 작업하고, 집에서는 밤새도록 레시피 연구를 했지만 하나도 힘들지 않았다.

카페는 어느 지역에 오픈하는 것이 좋을까.

우리에게 친숙한 곳인 동부이촌동, 서래마을을 다니며 장소를 물색했다. 마음에 드는 곳이 있었지만 선뜻 지르지 못하는 성격 탓에 밤새 고민하다가 다음 날 계약을 하러 가면 놓치기 일쑤였다. 어떤 곳은 계약하기로 한 당일 주인이 마음을 바꾸어서 허탕을 치기도 했다. 허탈한 마음에 눈물이 핑 돌기도 했다.

그날도 계약이 성사되지 않은 채 커피를 마시려고 가로수길에 들렀다. 노란 은행잎이 꽃잎 흩날리듯 떨어지고 있었다. 남편과 나는 작은 카페에 앉아 카푸치노와 카페라테를 마시며 창밖을 보다가 서로 눈을 반짝이며 동시에 외쳤다.

"왜 이 동네를 생각하지 않았지?!"

가로수길에 남편이 일하던 사무실이 있었는데 우리가 생각했던 것보다 평수가 너무 커서 생각도 하지 않고 있었다. 다음날 건물 주인에게 공간의 반만 임대할 수 없겠는지 물었다. 처음에는 안 된다고 하던 주인도 끈질긴 설득에 백기를 들었다. 천정은 노출을 하기 위해 뜯어내고, 면적의 1/2만 사용하기 위해 공간을 부수고 벽을 만들었다. 그동안 남편이 보석을 디자인하던 곳이라 더 애착이 갔다. 머릿속으로 그려오던 공간을 구체적으로 만들어 내기 위해서는 여러 사람의 힘을 모아야 했다. 배관공사, 전기공사, 페인트칠, 목공사 전문가까지 다함께 하는 공동작업이었다. 처음부터 의사소통이 잘 되지는 않았다. 분명히 '작업대를 이렇게 만들어 달라'고 했는데, 다른 모양으로 만들어 놓고, 내가 생각하는 색은 그 색이 아니었는데, 페인트공은 떡하니 다른 색으로 칠해 놓았다. 처음에는 내 뜻대로 되지 않아 속상했지만 차츰 마음을 비우고 지켜보게 되었다. 100% 마음에 들지 않게 마감된 부분도 있었지만 남대문 시장에서 주방 도구를 사고, 을지로에 가서 조명과 의자를 고르고, 마음에 드는 오븐과 커피머신까지 구입하고 나니 제법 빛이 났다. 공사 후 남편은 그곳에서의 희노애락이 스쳐지

나가는지 묘한 표정을 지었다. 사람과 공간도 '인연'이라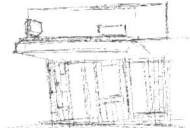
는 게 있다는 생각이 들었다. 새로운 역사를 쓰는 기분에
가슴이 벅차올랐다.

그해 가을은 유난히도 비가 많이 왔다. 외관에 칠을 해야
하거나 테라스에 시멘트를 발라야 하는 날이면 어김없이
꼭 비가 와서 작업이 늦춰지곤 했다. 게다가 공사가 길어
지면서 이웃의 항의도 문제가 됐다. 페인트칠을 하는 날,
이웃에게 전화가 왔다. 냄새가 너무 나서 일을 못하겠다
고 했다.

"오픈하면 맛있는 케이크 많이 드릴 테니까 조금만 참아
주세요."

남편은 죄송한 마음에 커피를 돌리며 너스레를 떨었다.
다행히 따뜻한 커피 한 잔에 마음이 풀린 그 분은 오픈하
자마자 첫 손님으로 와 주었다. 꿈에 그리던 공간이 눈앞
에 펼쳐지는 동안, 우리들의 상상 속 '듀자미'도 구체화되
기 시작했다.

콘셉트 결정

제대로 된 디저트를 즐기며 행복을 느낄 수 있는 곳.
이 세상을 달콤함 속으로 퐁당 빠트려 버리자.

듀자미의 콘셉트다.

대학에 다니던 20여 년 전의 카페를 떠올리면 어둡다는 생각이 제일 먼저 든다. 심지어 테이블마다 칸막이가 되어 있던 카페가 최근에는 너무나 트렌디해지고 있다. 그림을 전시하는 카페, 잡화를 파는 카페, 홍차 전문 카페, 요리 수업을 하는 카페…. 하지만 진화하는 만큼 사라져 버리는 카페도 많았다. 마음에 들어 찾아가던 카페가 어느 날 다른 공간이 되어버릴 때마다 많이 아쉬웠다.

넘쳐나는 카페 속에서 차별화될 수 있는 우리만의 콘셉트를 잡는 게 중요했다. 하지만 콘셉트는 하루 아침에 만들어지는 것이 아니었다. 또한 콘셉트를 정해 놓아도 구체적으로 실현시키는 일이 만만치 않았다. 처음에는 누구나 무난하게 좋아할 만한 케이크로 쇼케이스를 채웠는데 반응이 신통치 않았다. 일반 테이크 아웃 커피전문점에서도 흔히 볼 수 있는 케이크라서인지 매장에서 굽는 것만으로는 어필을 할 수 없었다.

점점 더 고민과 연구를 하기 시작했고, 다른 곳에서 보기 힘든 우리만의 케이크를 만들다 보니 레시피가 조금씩 복잡해졌다. 프랑스에는 무스가 들어간 케이크가 많지만 우리나라 사람들은 스폰지가 더 많은 케이크를 선호한다는 생각에 무

스의 비율을 줄이는 등 레시피를 변형해가면서 방법을 모색했다.

하나, 둘 반응이 오기 시작했다. 그 중 제일 기분 좋았던 일은 다음날 어머니를 모시고 온 어느 남자 손님이었다. 가족에게 선보이고 싶은 케이크라면 두말할 것 없으니까. 어머니는 케이크를 만들고 있는 작업실까지 구경을 오셨다.

"케이크를 여기서 만드시나 봐요. 아들이 맛있다고 해서 와 봤는데 정말 맛있네요. 다음에는 제 친구들과 함께 올게요."

케이크로 나누는 '정'이라는 것. 단지 '달콤함'이라는 단어로만 표현하기는 힘들 것 같다. 정을 나누는 다른 하나의 방법으로는 베이킹 클래스를 생각했다. 맛있는 케이크를 직접 만들어 다른 이들과 나눌 수 있게 도와주고 싶었다. 카페에 왔던 손님들은 처음에는 '내가 할 수 있을까?'라는 생각으로 시작을 했다가 '나도 할 수 있다!'는 자신감을 갖게 되었다고 했다. 어떤 수강생은 미국으로 떠나기 전날 마카롱을 배우기도 했다. 그 후 그녀에게 '혼자 마카롱을 성공했다'는 메일이 왔다. 타국에서 마카롱을 구우며 외로움을 달랬을 그녀를 생각하니 위안을 준 것 같아 기분이 좋았다. 케이크 한 조각으로 나누는 행복, 듀자미는 행복 나눔의 다단계 조직이라고도 할 수 있겠다.

01 / 패션푸르츠 치즈케이크

프랑스 제과에서 일반적으로 사용하는 열대과일 패션푸르츠 크림을 넣은 치즈케이크. 워낙 새콤달콤한 패션푸르츠를 좋아해서 치즈케이크에 넣어 응용했는데 사람들에게는 생소했나 보다. 치즈케이크라고 생각했는데 새콤한 맛이 반전처럼 느껴져서일까.

02 / 베이크드 치즈케이크

오븐에 구운 보편적인 치즈케이크. 평범한 케이크도 하나쯤 있어야 할 것 같아서 진한 뉴욕스타일 치즈케이크를 구웠다. 하지만 어느 곳에서나 흔히 먹을 수 있고 다른 케이크에 비해 너무 평범해서 호응을 얻지 못했다.

03 / 서양배 타르트

'배'라는 과일이 너무 흔해서인지 아니면 배와 케이크가 잘 어울리지 않아서인지 인기가 없었다. 비주얼이 식욕을 생기지 않게 해서 실패한 메뉴가 되었다.

01 / 마스카르포네 치즈타르트

서양배 타르트의 달콤한 타르트 반죽과 아몬드 크림의 조합이 다소 딱딱한 것 같아서 단맛을 줄인 반죽을 사용했다. 제철 생과일을 올린 타르트와 이탈리아산 마스카르포네치즈를 믹스했더니 특별한 타르트가 완성되었다.

02 / 레어 치즈케이크

치즈케이크가 한 종류는 꼭 있어야 할 것 같았다. 밋밋한 치즈케이크에 직접 만든 망고 컴포트를 넣어 포인트를 주니 손님들의 호응이 좋았다. 치즈 양을 늘려서 진한 맛을 살렸더니 대성공.

03 / 말차 딸기케이크

무스를 선호하지 않는 한국 사람의 취향을 고려해 프랑스산 산딸기 컴포트의 양을 늘렸다. 케이크 시트를 일반 무스케이크보다 더 많이 넣어 말차를 넣은 스폰지케이크의 씹히는 맛을 살렸다.

레시피, 레시피…

카페를 정식으로 오픈하기 전, 가장 큰 숙제는 메뉴 선정이었다.

케이크류는 그동안 꾸준히 만들어 온 것이라 레시피까지 완벽했지만 문제는 샌드위치와 음료였다.

평소에 즐겨 만들던 샌드위치라고 해 봐야 햄치즈, 에그, 참치 샌드위치가 고작이었다. 그러나 재료의 맛이 살아 있는 고급 샌드위치를 선보이고 싶었다. 육류, 채소, 해산물을 기본으로 하고 특제 소스와 신선한 채소를 곁들인 특별한 샌드위치 말이다. 때문에 맛있기로 소문난 샌드위치 가게를 모두 다니면서 시식을 했다. 그다음 평소 요리를 즐겨하던 남편과 함께 메뉴 개발을 시작했다. 시판 소스를 넣을 경우에는 맛이 밋밋했기 때문에 직접 개발하기로 했다. 요리 클래스에서 배운 레시피, 서점에서 구입한 요리책, 잡지나 인터넷에서 평소 눈여겨보던 자료 등 모든 것들을 총동원했다.

"스위트 머스터드 소스부터 만들어 보자."

"홀그레인 머스터드에 꿀을 넣어 볼까?"

"그냥 꿀만 넣으면 빵에 바를 정도의 농도가 안 되는데…."

"이 레시피에 보니 마요네즈도 넣었네."

"마요네즈와 머스터드의 비율은 어느 정도가 적당할까?"

"1:1부터 시작해 볼까?"

마요네즈와 홀그레인 머스터드의 분량을 조절해 가며 변형을 시작했다.

"뭔가 부족해."

"그래? 그게 뭘까?"

"레몬즙을 조금 넣는 게 어때?"

부엌은 각종 재료와 도구들로 점점 아수라장이 되어 갔지만 밤이 깊어질수록 조금씩 원하던 맛이 나오기 시작했다.

"바로 이 맛이야!"

소스가 완성된 후 빵에 발라 샌드위치를 만들었다. 오랜 시도 끝에 6가지 소스를 완성하고 햄, 새우, 구운 채소, 치즈가 어우러지는 레시피를 만들어 냈다. 마치 샌드위치 카페를 오픈하는 것처럼 열정을 바쳤다. 지금은 판매하지 않는 메뉴지만 아쉬운 생각이 들어 레시피를 살짝 공개해 본다.

6가지 스타일 샌드위치 소스

※ 볼에 모든 재료를 넣고 고루 섞어 주세요.

01 / 기본 스프레드 스위트 머스터드 소스

마요네즈 2큰술, 씨겨자(홀그레인 머스터드) ·
레몬즙 · 꿀 1큰술씩, 소금 · 후춧가루 약간씩

02 / 채소와 잘 어울리는 그라나파다노 치즈 소스

마요네즈 4큰술, 그라나파다노 치즈 간 것 3큰술,
소금 · 후춧가루 · 바질가루 약간씩

03 / 고기의 풍미를 업그레이드 토마토 페스토 소스

스파게티용 토마토 소스 졸인 것 8큰술, 바질 페스토 3큰술

04 / 닭가슴살과 찰떡 궁합 커리 소스

마요네즈 6큰술, 꿀 2큰술, 커리파우더 1큰술

05 / 새우에 곁들여요 스위트 칠리 소스

스위트 칠리 소스 · 케첩 1큰술씩, 씨겨자 1작은술

06 / 채소와 함께 먹는 발사믹 소스

발사믹 식초 4큰술, 설탕 1큰술, 다진 마늘 1/2큰술, 소금 약간

mayonnaise/1T
+
dijon mustard 1T
lemon + honey
1T   1T

길들여져 가다

저녁을 먹고 돌아오자, 가게 안이 온통 연기로 가득 차 있었다.

빵을 굽기 전에 미리 오븐을 길들이기 위해 공회전을 시켰는데 문을 꼭 닫고 나
갔다 왔으니 연기가 나갈 틈이 없었던 것이다.

"이런! 깜짝 놀랐네. 가게가 홀랑 다 타는 줄 알았어."

우리는 놀란 가슴을 쓸어내렸다. 문을 열어두고 오븐을 가동시키니 연기가 빠져
나가서 오븐 내부를 깨끗하게 태워버릴 수 있었다. 데크 오븐이라 불리는 업소용
오븐은 집에서 쓰던 가정용 오븐과 달리 위, 아랫단의 온도가 달라서 적응하는데
시간이 많이 걸렸다. 아랫불과 윗불의 온도 도달 속도가 다르므로 잘 조절하지
않으면 한쪽이 타버렸다. 빵을 구우려면 오븐을 미리 예열해야 하는데 데크 오
븐은 예열하는데도 시간이 오래 걸렸다. 미리 예열을 해 두는 것을 깜빡하기라도
하면 제때 오븐에 반죽을 넣지 못하는 난감한 상황이 벌어지기도 했다.

오븐을 내 것으로 길들이는 데 많은 시간이 필요했던 것처럼, 반죽기도 마찬가
지였다. 업소용 반죽기는 힘이 너무 좋아서 조금만 세게 혼합하면 밀가루 반죽
이 죽같이 되어버렸다. 빵 반죽은 케이크 반죽과 달리 수분이나 작업실 온도에
도 민감하게 반응하기 때문에 일정한 텍스처가 잘 나오지 않아 처음에는 꽤 고
생을 했다. 사람들은 아무리 맛있다고 해도 만드는 사람은 그 미묘한 맛의 차이

를 알고 있기 때문에 끊임없이 실습을 해 완벽에
가깝게 하기 위해 노력했다. 다행히 주위에 제빵
을 배운 선배들이 있어서 조언을 구하기도 하고
르 코르동 블루 셰프의 도움을 받아서 곤란한 일
들을 해결했다.

첫달은 하루하루가 전쟁과도 같았다. 남편도 카페
사업은 처음이었고, 나도 제과의 기본 기술만을
배웠을 뿐 실전 경험 없는 새내기 셰프였으니 지
금 생각하면 당연한 일이었다. 하얗던 제과용 주
걱이 캐러멜을 만든 흔적으로 까맣게 그을리고,
도구들도 손때가 묻어갔다. 그렇게 말썽을 피우
던 오븐도 이제 반죽만 넣으면 척척 마음에 드는
모양새로 케이크를 구워준다. 하루가 다르게 원래
그랬던 것처럼 익숙해져 가는 듀자미의 모든 것
들. 이제는 또 어떤 것들을 길들여야 할까.

두근두근, 카페 오픈

"손님이 들어오면 어쩌지?"

"뭐라고 인사해야 하지? 어서 오세요? 아니면 안녕하세요?"

"잔은 어떻게 내려 놓아야 할까? 접시는 어떻게 들고 서빙해야 할까?"

인테리어 공사가 끝났지만 손님을 맞이할 마음의 준비는 아직 되지 않았다. 대학 다닐 때 그 흔한 서빙 아르바이트도 경험하지 못한터라 막상 주문을 받고 서빙을 하려니 많이 어색했다. 그즈음, 한식집을 오픈한 친구의 말.

"처음에는 손님이 들어 올까 봐 얼마나 무서운지 알아?"

그때는 '참 별 걱정을 다한다'고 생각했는데 이제야 그 말의 의미를 알게 되었다. 정말 손님이 들어올까 봐 조마조마 가슴이 떨렸다. 인테리어 공사가 끝나기 전 오븐을 들여 놓으려고 했는데 베이킹 작업실 공사가 늦어지는 바람에 오픈하기 전날에야 기구와 오븐이 들어왔다. 아무리 능력 있는 파티셰라도 새 오븐에 적응하려면 얼마간 시간이 필요하기 마련이었다.

제일 먼저 타르트를 구워보았다. 타르트지는 들쑥날쑥한데다가 딱딱해서 먹기 힘들 정도였다. 갑자기 걱정이 되기 시작했다.

"당신 르 코르동 블루에서 1등한 거 맞아?"

남편은 놀려대기 시작했다. 오븐의 열은 생각보다 너무 셌고, 사용설명서를 제

대로 읽지 못한데다가 버튼까지 잘못 누르는 바람에 케이크는 건조해졌고, 모양은 연습부족으로 엉망이 되었다. 조바심이 생기기 시작했다. 남편과 아들이 잠든 사이 밤에 작업실에 나가 메뉴에 넣기로 한 품목을 차례대로 구워 보았다. 여러 번의 시도 끝에야 한숨 돌릴 수 있었다.

기다리던 오픈이었는데 막상 코앞에 닥치자 겁이 나기 시작했다. 인테리어 공사가 끝났음에도 불구하고 오픈이 미뤄지니 사람들은 새로 생긴 가게에 호기심이 생기는 모양이었다. 선뜻 들어오지 못하고 밖에서 물끄러미 바라만 보다가 가거나 질문을 던지곤 했다.

"여기 뭐 파나요?"

"파스타는 안 팔아요?"

그러던 어느 날 가게로 들어가는데, 두 여자가 하는 대화를 듣게 되었다.

"여기 뭐하는 곳일까?"

"예쁘다. 다음에 오픈하면 같이 와 보자."

다음날.

"여기 아직 오픈 안했네."

"빨리 오픈 했으면 좋겠다."

사람들이 관심을 가져주니 조금씩 힘이 나기 시작했다. 어느 날은 한 여자 분이 문을 열고 들어왔다.

"죄송하지만 아직 오픈 준비 중이에요."

"지나가다가 너무 예뻐 보여서 들어와 봤어요. 베이킹 수업도 하시나 봐요. 구경 좀 해도 될까요?"

"예. 구경하다 가세요."

마침 테스트 중이던 원두를 갈아 커피를 드렸더니 '너무 맛있게 잘 마셔서 오픈하면 꼭 오겠다'는 인사를 했다. 그렇게 찾아온 분은 내가 만든 케이크가 제일 맛있다고 해 주는 단골 손님 1호가 되었다. 그 다음날. 어머니와 딸로 보이는 두 사람.

"너무 맛있는 냄새가 나서 들어와 봤어요. 제과점인가요?"

"아니요. 제과점은 아니고 샌드위치와 디저트를 파는 카페예요."

접시에 케이크를 담아서 드셔 보시라고 권했다.

"참 특별한 케이크네요. 딸 사무실이 이 부근인데 다음에 또 놀러 올게요."

오며가며 들린 이웃들의 지지가 더해지면서 그제야 자신감이 생기기 시작했다. 그리고 지인들을 모아서 조촐히 시식회를 하는 것을 시작으로 듀자미를 오픈했다.

commencer des travaux.

Chocolat

CALLEBAUT

Chocolat

CALLEBAUT

Chocolat Blanc

MASCARPONE

ANCHOR

Beurre

Nous Assurons

Le Meilleur Ingredient

Fait

첫 손님 기다리기

"여기 샌드위치도 파나요?"

문을 빠끔히 열고 목만 내민 채였다. 그 뒤에는 또 한 사람이 서 있었다. 가게 앞에 놓아 둔 작은 입간판을 보고 들어 온 듀자미의 첫 손님이었다.

"이 부근에 사무실이 있는데, 항상 점심시간마다 뭘 먹을지 고민이었어요. 새로운 가게가 생기니 좋네요."

의류 관련 일을 하던 그 분은 집에서 취미로 베이킹을 한다면서 가끔 레시피에 대한 질문도 쏟아냈다.

"어떤 부분이 잘못된 걸까요? 케이크가 너무 딱딱하게 나왔어요."

"어제 구운 마들렌인데, 한번 드셔 보세요. 전문가의 조언이 필요해요."

듀자미를 친구 집에 들리듯 자주 방문해 주었다. 그 분이 들리지 않으면 내심 궁금하고 걱정이 되기도 했다.

"사무실 계약기간이 끝나서 다른 곳으로 이전하게 되었어요. 전처럼 자주 오지는 못할 것 같아서 아쉬워요."

어느 날 그분은 우리에게 이별을 고했지만 가끔 클래스에 참여를 하면서 아직까지 좋은 인연으로 남아 있다. 무엇이든 기다린다는 것은 설레는 일이지만, 동시에 지루한 일이기도 했다. 처음 생긴 가게에 대한 호기심에 창문 앞에서 서성이는 사람들은 많았지만, 문을 열기까지는 참 많은 시간이 걸리는 것처럼 느껴졌다.

처음에는 두리번거리다가 나가는 손님, 자리에 앉았다가 메뉴판을 보고 바로 나가는 손님을 보고 상처를 받기도 했다. 내내 손님을 기다리다가 반가운 마음에 큰 소리로 인사를 하면 깜짝 놀라 나가는 손님도 있어 당황스러웠다. 아쉬운 생각에 더욱 허탈했다. 어떤 날은 중년 남자가 급히 가게 안으로 달려 들어오더니 화장실이 어디냐고 묻고는 볼일만 보고 바로 나간 적도 있었다.

'우리가 만든 음식을 좋아해 주는 손님이 있을까.'

노파심 때문에 손님이 오지 않으면 조바심을 내며 무작정 '기다리기'를 했던 것 같다. 가끔 오던 손님들은 조언을 건네기도 했다.

"바깥에 샌드위치 모형을 만들어서 세트 메뉴를 홍보 하는 게 어때요?"

"어떤 걸 파는 곳인지 바깥에서 한눈에 알 수 있게 더 큰 입간판을 다는 것이 중요하지 않을까요?"

직원들의 아이디어도 더해졌다.

"사장님. 우리가 가게 앞에 나가서 미인계를 쓰면 어떨까요? 시식행사를 빙자해서 말이에요."

이런저런 손님들의 의견들을 반영하기도 하고 가게 앞에 나가서 시식 행사도 하니 손님들이 하나 둘씩 들어 오기 시작했다. 제법 큰 회사에서 회의 때 직원들이 나눠 먹을 케이크가 필요하다고 정기 납품을 제안하기도 했다. 서서히 바빠지기 시작했다. 아직 어떤 케이크가 인기가 있을지 몰라서 다양한 종류를 구워 손님들의 반응도 살폈다. 수익 걱정보다는 원하는 케이크를 실컷 만들 수 있어서 즐겁기만 한 시간이었다.

새내기 셰프

'햇살이 잘 드는 예쁜 작업실에서 애플타르트를 만들어야지.
사과를 듬뿍 넣고 크럼블도 듬뿍 올릴 거야.'

'진한 초콜릿에클레어도 구워볼까.'
'손님이 없으면 좋아하는 사람들 불러서 다 같이 나눠먹으면 되겠지.'
상상의 나래를 펼치던 카페에 대한 환상은 오픈한지 1달 만에 깨져 버렸다. 프
로의 세계는 냉정한 법. 더 이상 홈메이드 수제 케이크 운운하며 엄마의 맛이라
고 우길 수는 없었다. 좋은 재료로 만들었으니 모양이 어떻든 잘 봐달라고 말하
는 것은 프로답지 않은 일이었다. 물론 수제 케이크니까 '엄마의 정성'이라는 말
은 어느 정도 타당하다.

애플타르트를 손님들이 찾지 않아서 재고로 남게 되면 그만 구워야 했고, 초콜
릿에클레어도 하루가 지나 눅눅해지면 식구들이 먹거나, 버려야 했다. 이제는
냉정하게 손님들의 마음을 사로잡을 수 있는 완벽한 완성품이 있어야 하는데 무

언가 어설퍼 보였다. 판매하는 상품이므로 만들 때마다 일정한 맛, 균일한 크기, 모양을 유지해야만 했다.

그저 케이크가 좋아서, 케이크를 만들고 싶어서 시작했지만 언제인가부터 쇼케이스 바로 앞에 달려있는 르 코르동 블루 디플로마는 나에게 말을 걸기 시작했다.

"이건 아니잖아. 이번에는 시트가 너무 단단하게 구워졌어."

"지난번 초콜릿 크림과 맛이 달라."

"초콜릿 코팅이 너무 두껍게 되었잖아."

르 코르동 블루는 내게 제과의 기본기를 알려주었지만, 그 다음부터는 내가 하기 나름이었다. 정신이 번쩍 들기 시작했다.

오픈 때부터 거의 매일 10시간씩 케이크를 만들면서 균일한 모양과 맛을 유지할 수 있도록 노력했다. 온종일 서서 케이크를 만들어서 다리는 통통 붓고, 허리도 아프고, 입안은 온통 헐었다. 하지만 다음날 6시가 되면 벌떡 눈을 뜨고 아들에게 아침밥을 먹여 학교에 보낸 뒤 작업실에 나갔다. 후다닥 커피를 내려 마시면서 그날 만들어야 할 품목을 메모한 뒤 작업 순서를 정해서 일을 시작했다.

기본을 배우기 위해서는 10년이 필요하고, 그 다음부터는 제과를 즐길 수 있다.

프랑스의 제과 명인인 아르노 라레Arnaud Larher가 한 말이다.

아직 한참 멀었다는 생각이 들면서도 천천히 해 나가면 안될 것도 없겠다는 생각이 들었다.

"즐길 준비는 됐니?"

힙합가수들만 콘서트에서 외치는 말이 아니다. 아침마다 스스로에게 묻는 말이다.

맛있게 먹었어요

맛이 없다고 할까 봐 처음에는 손님들의 반응을 듣기 겁이 났다.

한동안은 손님들이 모르는 자리에 숨어 표정을 살피기도 했다. 대부분의 손님들은 만족한 얼굴이었다. 특히 케이크 접시가 서빙 될 때 환호하며 좋아하는 손님들을 보고 있으면 자식이 밥 먹는 모습을 바라보고 있는 엄마의 심정처럼 굉장히 뿌듯했다.

손님들이 가장 좋아하는 캐러멜 소금케이크는 만드는 데 손이 많이 간다. 먼저 달걀과 아몬드가루, 밀가루를 듬뿍 넣고 촉촉하게 초콜릿 시트를 구워 잘 식힌 뒤, 프랑스산 초콜릿으로 만든 무스와 달콤한 캐러멜 크림을 만들어서 시트 사이사이에 바른 다음 수제 캐러멜을 전체적으로 부어준다. 이때 프랑스산 천일염을 조금 넣어 주는 것이 포인트. 짠맛과 단맛의 조화가 잘 이루어져서 사랑받고 있는 케이크다.

작업실에서 매일 케이크를 굽다 보니 즐거운 에피소드도 종종 생겼다. 어느 날인가 한 손님이 작업실까지 뛰어 들어와 물었다.

"무슨 냄새죠?"

당시 옆 가게가 오픈 준비 중이라서 페인트 냄새가 났다.

"손님 죄송합니다. 옆집에서 페인트칠을 해서요."

"아니요. 이 좋은 냄새는 어떤 케이크 만들 때 나는 냄새인가요? 그 케이크를 먹고 싶어서요."

녹차 딸기케이크에 들어가는 시트를 굽던 중이었다. 케이크를 드신 손님은 기념일마다 같은 케이크를 주문 하신다.

케이크 마니아들은 맛만 보지 않고 서로 분석하며 토론을 하곤 한다.

"이렇게 만들어서 단가가 나오겠어?"

"마카롱도 얹었지, 2가지 무스에, 초콜릿 시트에, 코팅 크림까지 있잖아. 케이크 하나에 이 많은 걸 다 만들려면 번거롭고 재료비도 만만치 않을 텐데."

"밑지는 장사네."

이런 대화를 듣고 있다 보면 누군가 알아주는 사람이 있는 것 같아 조금이나마 위안이 된다. 하지만 셰프가 항상 나에게 하신 말씀은 늘 가슴 속에 남아있다.

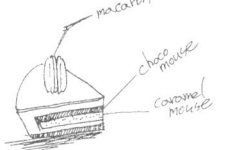

"단가가 맞지 않는다고 싼 재료를 쓰면 맛이 없어서 안 돼. 좋은 재료로 케이크를 만들면 손님들이 언젠가는 알아주니까 결론적으로는 가게에 도움이 될 거야."

지금 어렵더라도 그렇게 하는 것이 옳은 일이라고 생각한다. 언제부터인가 묻지 않아도 손님들이 웃으면서 인사를 하기 시작했다.

"케이크 맛있게 잘 먹었어요."

나 역시 이 다음에 맛있는 케이크를 먹게 되면 꼭 인사를 건네고 싶다.

"맛있게 먹었어요."

첫 번째 크리스마스

눈이 펑펑 내리는 날. 창밖을 바라보며 분위기 있는 카페에서 따뜻한 커피를 마시는 즐거운 상상은
누구나 한번쯤 해 봤을 것이다.

카페를 오픈하고 맞게 된 첫 번째 겨울은 눈이 많이 내렸다. 물론 손님이 없는
조용한 카페에서 근사한 음악을 틀어 놓고, 창밖을 바라보며 카푸치노 한 잔을
마시면 정말 행복했을테지만 현실은 그렇게 녹록치 않았다. 눈이 오면 먼저 카
페 앞에 밤새 쌓인 눈을 치워야 한다. 밤새도록 수북이 쌓인 눈을 치우고도 걱정
이 되어 동사무소에 가서 염화칼슘을 얻어다 뿌리기도 했다. 지금 같으면 남편,
직원들과 함께 눈을 치우고 따뜻한 핫초콜릿도 한 잔 마실 수도 있겠지만 그때
는 오픈 초기라 엄두가 나지 않았다. 어서 치우고 손님 맞을 준비를 하기에 급
급하기만 했다.

크리스마스에는 듀자미를 사랑하는 이들과 함께 크리스마스 케이크를 구우며 특
별한 이벤트를 하고 싶었다. 블로그에 수업 공지를 하고, 즐거운 마음으로 준비
를 하다 떨어진 재료가 있어서 시장에 다녀왔다. 다녀오니 오후 1시. 가게에 들
어오니 남편은 환한 얼굴로 나를 반겼다.

"케이크를 11개나 주문받았어."

"그래? 언제까지야?"

"8시."

"내일 저녁 8시?"

"아니. 오늘 저녁 8시."

1st christmas

7시에 수업이 있는데, 8시까지 11개의 케이크라니.

"도대체 정신이 있어? 만드는 시간 계산은 안 하는 거야? 수업 준비시간도 있어야 하는데 어떻게 해? 게다가 시폰 틀도 모자라잖아."

옥신각신해도 아무 소용이 없었다. 느긋하게 수업 준비를 하고 싶었는데 다 틀렸으니 속이 상했지만 다시 손님에게 전화를 걸어 안 된다고 말할 수는 없는 노릇이었다. 후다닥 반죽을 만드는 동안 남편이 시폰케이크 틀을 몇 개 더 사 왔고, 그때부터 빛의 속도로 반죽을 만들어 굽고, 또 구워 롤케이크를 만들었다. 시트를 만들고 크림을 바르고 장식을 했더니 수업 1시간 전에야 가까스로 끝낼 수 있었다.

한숨 돌리자마자 학생들이 하나 둘 도착하기 시작했다. 수업을 진행하니 마음이 진정되었다. 즐겁게 케이크를 만들어 시식을 하고 사진도 찍어가며 즐거운 시간을 보낼 수 있었다.

마치 폭풍이 지나간 듯 했지만 반면 뿌듯한 하루이기도 했다. 손님들을 다 보내고 난 뒤 테이블에 앉아 남편과 와인을 마셨다. 창밖에는 눈이 내리고 있었다. 그 순간만큼은 '내일 눈을 어떻게 치울까'라는 고민을 하고 싶지 않았다.

하루하루 우리가 생각지 않던 일들이 벌어지는 듀자미의 풍경들. 돌아오는 크리스마스에는 또 어떤 일이 있을까? 직원들과 여유롭게 핫초콜릿을 마시고, 손님들에게도 권하고 싶다. 눈사람도 꼭 만들어야지.

11 Owner Chef

와플 있어요?

"큰일이다. 우리 집이 와플을 팔 것같이 생겼나 보다."

"진짜 와플을 팔아야 하나?"

처음 생긴 가게에 대한 호기심에 지나가던 손님들은 선뜻 들어서지 못하고 기웃
거리다가 돌아가기 일쑤였다. 이상한 것은 망설이다 들어와서 건네는 손님들의
말이 한결같았다는 것.

"와플 있어요?"

고민에 빠졌다. 프랑스풍 디저트를 팔자는 우리의 콘셉트에 맞지 않게 와플을
파는 것은 아닌 것 같았다. 곰곰이 생각하던 우리 부부는 여러 가지 가능성을 생
각하게 되었다.

첫째. 정말 와플을 원하는 손님.

둘째. 들어왔다가 원하는 메뉴가 없어서 그냥 나가기 미안한 마음에 '와플 있냐'고 물을 가능성.

셋째. 무얼 파는 곳인지 몰라서 그냥 하는 질문.

대다수의 손님들이 정말 와플을 원한다고 해도 팔수는 없다고 결정했다. 자꾸 질문을 하는 이유는 '무엇을 파는 카페인지 불분명해 보여서'라고 결론 내렸다. 남편도 나도 워낙 깔끔한 것을 좋아해서 가게 내부에 이것저것 장식을 하는 것을 싫어했지만, 보다 확실한 분위기를 심어줄 필요가 있다고 판단했다.

'프랑스 디저트 카페의 콘셉트를 어떻게 살릴 수 있을까'라는 고민을 하다 선반과 벽에 신상품 음료와 케이크 사진을 붙였다. 계산대 앞에는 마카롱을 잔뜩 붙인 케이크를 올려 두었다.

"마카롱 케이크를 보고 와플을 연상하지는 않겠지?"

오픈 당시에는 손님이 와플을 찾으면 미안한 마음이 들었다. 처음 하는 카페 사업이고 손님이 들어오는 것만으로도 반가웠기 때문이었다. 하지만 점점 시간이 지나자 듀자미의 케이크를 좋아하는 손님이 늘어나게 되었고, 자신감도 붙어 당당하게 말할 수 있게 되었다.

"와플 있어요?"

"아니요. 우리는 케이크를 파는 디저트 카페입니다."

'만약 그 때 와플을 팔았으면 어떻게 되었을까? 와플로도 유명한 카페가 되었을까?'

지금 생각하면 웃음이 나온다. 손님은 왕이지만, 경영하는 사람은 소신이 있어야 한다. 물론 손님의 의견에 귀 기울이는 것도 중요하지만, 주관이 확실한 것도 프로가 갖춰야 할 덕목이다.

치아바타 샌드위치

주변에 사무실이 많아서 점심이나 브런치 메뉴로 샌드위치를 판매하는 것도 재미있을 것 같았다.

그러다 보니 빵도 내 손으로 직접 만들어야겠다는 욕심이 생겼다. 빵은 케이크와 달리 발효하는 시간이 오래 걸리지만, 나름의 매력이 있었다.

처음 '치아바타 ciabatta '라는 빵을 만난 것은 조선호텔 델리에서였다. 구멍이 송송 뚫린 담백한 빵을 발사믹 식초에 찍어 먹으면 얼마나 맛있던지. 치아바타는 이탈리아어로 '납작한 슬리퍼'라는 뜻으로, 모양이 납작해서 붙여진 이름이다. 겉은 딱딱하고 속은 쫄깃해서 '이탈리아의 바게트'라고 생각하면 될 것 같다. 특히 치아바타처럼 발효종으로 만드는 건강빵은 달달한 빵과는 달리 씹을수록 담백했다.

샌드위치로 사용할 빵은 치아바타로 결정. 하지만 다른 발효 빵과는 달리 발효종이 필요했기에 15시간 이상 발효시킨 발효종을 굽기 전날 만들어 둔 다음 반죽에 섞어야 했다. 하지만 반죽이 잘못되면 구멍이 송송 뚫리지 않고 식감도 달라지기 때문에 성공했을 때의 기쁨은 다른 빵의 2배였다. 가게 오픈 전부터 계속 집에서 구워보며 레시피를 수정해 갔다. 오랜 연구와 연습 끝에 드디어 레시피가 완성되었다. 다음은 속에 넣을 재료와 소스 연구. 재료와 소스가 너무 강해도 맛이 잘 살지 않기 때문에 빵과 재료의 맛을 함께 살릴 수 있는 레시피를 개발해야 했다. 샌드위치를 워낙 좋아해서 예전에 기록해 두었던 레시피를 가감했다. 연구하는 동안은 끼니를 샌드위치로 때울 수밖에 없었다. 친구들, 친정 식구들, 시댁 식구들…. 돌아가며 시식회를 하고 의견을 모아서 완성해 나갔다. 굽기

야 샌드위치를 꺼내면 다들 도망가는 사태가 벌어졌다.

완성된 메뉴는 쇠고기, 베지테리언, 연어, 닭가슴살, 칠리새우, 햄치즈로 6가지 샌드위치에 대한 손님들의 반응은 생각보다 좋았다.

어느 날은 지나가던 외국인이 문을 열었다.

"냄새가 너무 좋아서 들어왔어요. 지금 빵을 살 수 있나요?"

샌드위치를 판다고 말했더니 쇠고기 샌드위치를 포장해 갔고, 다음날 여자 친구와 함께 방문했다. 영어 강사이던 그들은 종종 함께 브런치를 먹으러 왔다. 그러던 어느 날 여자 손님 혼자 카페를 찾았다.

"남자친구는 미국으로 돌아갔어요. 저도 곧 가는데 그 전에 듀자미 빵을 먹고 싶어서 들렀어요."

마감 직전에 샌드위치를 포장해 가는 남자 손님도 있었다.

"이 집 샌드위치는 늦은 밤에 먹어도 속이 편해요."

직접 구운 빵으로 샌드위치를 만드니 손님들은 정말 하나같이 칭찬일색이었다. 치아바타가 너무 맛있다고 '빵만 팔 수 없냐'는 손님도 있었고, '납품을 해줄 수 없냐'는 제의도 받았지만, 판매할 양을 굽는 것도 벅차서 그렇게 할 수는 없었다. 발효 빵의 매력에 이끌려서 시작한 일이었지만 그 때문에 하루하루 지쳐가고 있었다.

냉철한 경영자 마인드가 필요한 시점이었다. 마니아에게 인기가 많았지만 그렇다고 샌드위치가 아주 많이 팔리는 것도 아니었다. 한번 맛을 본 손님은 다시 찾아왔지만 점심시간을 제외하고는 대부분 케이크를 더 많이 찾았다. 결단을 내려야 할 때가 온 것 같았다. 쉽지 않은 결정이었다. 그동안 힘들게 치아바타 레시피를 개발했고, 샌드위치 소스와 속에 들어가는 재료를 정하며 레시피를 만들어 온 시간과 정성을 생각하니 조금 더 붙잡고 싶었다. 차마 결정을 못하고 그렇게 1~2달을 더 끌었다. 어느 날 아침, 빵을 오븐에 넣고 피곤한 얼굴로 앉아 있는 내게 남편이 말했다.

"아무래도 이제 그만 구워야 할까 봐. 당신 얼굴이 행복해 보이지 않아. 일단은 케이크에 집중해 보자."

다음 날부터는 케이크만 구워 팔기로 했다. 모두 아쉬워했지만 빵을 포기하고 나니 몸도 마음도 더 여유로워졌다. 케이크를 만들 시간도 더 많아졌고, 발효를 위해서 2~3시간 더 일찍 나가서 일하는 수고를 하지 않아도 되었다. 빵을 만드는데 썼던 에너지를 고스란히 케이크 만드는데 쓰니 반응도 더 좋아졌다. 새로운 케이크를 개발하고 장식할 마카롱도 넉넉히 구울 수 있어 하루하루가 평온해졌다.

치아바타 샌드위치는 아직 가슴 한켠에 아쉬움으로 남아있다. 가끔 샌드위치가 생각나는 날이면 이웃 빵집에서 치아바타를 사다가 샌드위치를 해 먹는다. 그리고 웃는다. 열정만 앞섰던 초창기를 생각하면서 말이다.

"언젠가 다시 치아바타 샌드위치를 만들 날이 있겠지? 그때는 우리가 정말 욕심이 많았어."

만남과 이별

"일을 마무리해야 하기 때문에 열흘 뒤부터 출근 가능할 것 같아요."

그 아이는 동그란 눈을 반짝이며 대답했다. 하지만 우리는 늦어도 1주일 안에 나올 수 있는 직원이 필요했다. 마음에 드는 사람을 못 구하던 차에 면접을 보게 된 보람이. 이탈리아 레스토랑과 제과점에서 오랫동안 일한 경력도 마음에 들었고, 이전 직장에 최선을 다하려는 태도도 좋아보였다. 놓치기 아까운 아이였지만 우리와 시기가 맞지 않아서 안타까워하고 있을 즈음 전화가 왔다.

"후임자가 결정되어서 일찍 그만둘 수 있게 되었어요."

그렇게 우리들의 인연은 시작되었다. 오픈 초기에는 그릇도 같이 닦았고, 집기를 정리했으며 대청소도 함께 했다. 힘든 일을 같이 해서인지 더욱 식구처럼 느껴졌다. 베이킹에 관심이 많던 그녀는 제과점에서 성형 담당으로 일했기에 다른 것은 배우지 못했다고 말했다. 담당은 샌드위치와 서빙이었지만 부풀어 오르는 슈를 보며 즐거워하고 치즈케이크를 만들 때는 여러 가지 질문을 하는 모습이 사랑스러웠다. 그렇게 몇 달이 흐르고 보람이는 그만두었다.

"이곳에서 새로운 베이킹의 세계를 보아서 많은 자극이 되었어요. 어깨너머로 천천히 배우려고 했지만, 그럴 수 있는 게 아닌 것 같아요. 저도 학교에서 체계적으로 배우고 싶은 마음이 더 커졌어요."

보람이에게 꿈을 꾸게 한 것은 기뻤지만 한편으로는 많이 섭섭했다. 오래도록 함께하고 싶었기 때문이다. 그 후에도 많은 친구들이 듀자미를 거쳐 갔다. 의대를 다니다 휴학을 하고 커피를 배우고 싶어서 왔던 재호, 듀자미의 인테리어에 여러 가지 아이디어를 주었던 웹디자이너 나리. 배우 지망생 원영은 멋진 친구들

을 데려와서 우리들을 즐겁게 해 주었다. 그 외에도 많은 친구들이 잠시 머물다
가 자신의 꿈을 찾아 떠났다.

카페가 어느 정도 자리를 잡은 후에는 바리스타를 뽑는다는 공고를 냈음에도 불
구하고 베이킹에 관심을 갖는 직원이 많았다. 듀자미에 지원하는 동기는 모두 베
이킹을 배우고 싶어서였다. 그럴 때마다 남편은 딱 잘라 말했다.

"여기는 학원이 아니에요."

호기심만으로 입사한 직원들은 오래 근무하지 못했다. 바닥부터 시작하겠다는
근성을 가지고 근무하는 이들을 찾기는 쉽지 않았다. 요즘 젊은이들은 빨리 배
우고 다른 곳으로 이직하려고 해 마음 고생도 많았다.

든 자리는 몰라도 난 자리는 표시가 난다고 했던가. 직원들이 그만두고 나면 허
전하고 그리워 며칠 동안 마음이 좋지 않았다. 하지만 꿈을 찾아 떠나간 친구들
이 이런 저런 좋은 소식들을 전해올 때면 즐겁고 반가웠다. 갑자기 그만두는 직
원들 때문에 펑크가 나서 그만둔 친구들에게 급히 문자를 보내면 와서 도와주
는 경우도 있었다.

많은 만남과 이별을 거치면서 우리 부부의 마음도 단단해졌다. 이별은 언제나 가
슴 아프지만, 또 다른 즐거운 만남이 기다리고 있을 테니 더 이상 가슴 아파하지
않기로 했다. 듀자미의 식구들에게 일에 대한 열정과 꿈을 제시할 수 있는 좋은
멘토가 되어주기로 했다. 나의 스승이 그랬던 것처럼.

부부의 새로운 일터
듀자미

마음이 따뜻해지는 케이크를 만들고 싶었어요.
선물 받는 기쁨보다 누군가에게 선물했을 때 그
사람의 얼굴에서 전해지는 벅찬 기쁨을 함께 느
끼고 싶었지요. 그런 기분을 나눌 수 있는 영원한
친구가 제 곁에 있습니다. 때론 옥신각신 토닥거
리기도 하면서 정을 더해가는 남편이 있어 듀자
미의 온도는 늘 37.5℃랍니다.
맛있는 케이크를 굽고 고소한 커피를 만들면서
우리들은 함께 이야기를 나눠요.

01 Deux Amis

온도와 타이밍

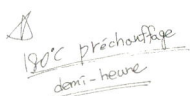

180℃로 예열된 오븐에서 30분간 구워 주세요.

처음 베이킹을 할 때는 레시피에 쓰여 있는 온도와 시간대로 만들면 될 줄 알았다. 무심코 만든 반죽을 180℃ 오븐에 넣고 알람을 맞춰 두었다. 다른 일을 하다가 알람이 울려서 케이크를 꺼내 봤더니 아랫부분은 다 타서 딱딱하고 윗면은 익지도 않은 게 아닌가. 정말 맥이 빠졌다. 열심히 만든 반죽을 다 버려야 했다.

오븐의 성능은 집집마다 다르기 때문에 조심스럽게 살피면서 특성을 파악해야한다. 화력이 다른 오븐보다 더 세다면 레시피에 나와 있는 온도보다 조금 낮춰서 구워야 할 테고, 약한 편이라면 조금 더 높은 온도에서 구워야한다. 특히 녹차가루를 넣은 반죽은 조금만 오래 굽게 되면 누런색으로 변하기 때문에 오븐 앞에서 주의 깊게 관찰하거나 온도를 낮춰 구워야 한다. 팬이 회전하는 컨벡션 기능이 있는 오븐이라면 낮은 온도에서 오래 구워서 케이크를 마르게 하는 것 보다는 높은 온도에서 재빨리 굽는 편이 나을 때도 있다.

연애에 있어서도 타이밍이 제일 중요하다고 한다. 상대가 지금 기분이 좋지 않은데 나 혼자 분위기 잡고 고백하는 눈치 없는 행동을 한다면 아마 실패할 것이다. 타이밍만 잘 맞는다면 생각지도 않은 수확을 얻게 되는 순간도 있다. 그래서 무슨 일이든 타이밍이 제일 중요하다.

인생의 모든 일이 공식대로만 되어 간다면 얼마나 좋을까? 너무나도 변수가 많은 인생. 아니, 어쩌면 변수가 많아서 더욱 흥미진진한 것이 인생이 아닐런지. 드라마를 보다보면 우연의 일치인지 절묘한 타이밍인지 "내가 저럴 줄 알았어"라고 말하게 되는 공식과 맞닥뜨릴 때가 있다. 드라마처럼 절묘한 타이밍이 우리들 인생에도 가끔은 찾아오는 것 같다. 불과 몇 년 전까지만 해도 우리가 디저트 카페를 운영하게 될 것이라고는 상상도 못했던 일이었다. 내 인생 계획에도 하루 종일 서서 케이크를 굽는 일은 들어 있지 않았으니까.

남편은 사업을 하고 있었고, 나는 평범한 주부였다. 아들이 엄마 손이 덜 필요해진 시기에 딱 맞춰 르 코르동 블루에서 제과 공부를 하게 되었고, 그 즈음에 남편도 새로운 일을 찾고 있었다. 거짓말같이 좋은 자리를 찾아 용감하게도 카페를 열게 되었다. 케이크의 마력에 이끌려 시작한 일이 어느새 생계이자 직업이 되어 버렸다. 적절한 온도에서 제대로 구워낸 케이크처럼 우리들의 듀자미도 그렇게 적절한 타이밍으로 탄생되었다.

당신만 믿었어요!

"당신은 뭐든 다 잘하는 줄 알았어."

"나도 마찬가지야. 당신이 일을 야무지게 잘할 줄 알았어."

그랬다. 우리는 10년 넘게 함께 살았어도 서로에 대해 너무 몰랐던 거다. 서로가 바빴고 남편이 퇴근해서 돌아오면 저녁을 차려주고, TV를 보거나 책을 읽고, 각자 일을 하다보면 곧 밤이 되었다. 휴일에도 그다지 긴 대화를 한다거나 사소한 행동 하나에 관심을 두지는 않았던 것 같다. 모든 부부가 그렇듯 일상 속에서 서로를 발견하기란 쉽지 않았다. 하지만 카페 오픈을 준비하면서 온종일 같이 있게 되고 어떠한 일을 처리하는 과정을 처음부터 끝까지 지켜보는 일이 많아지면서 서로에 대해 모르던 점을 알아가게 되었다.

남편은 소위 일류대학교 상경계열 학부를 졸업했고, 대학 졸업 후 잘 다니던 대기업을 그만두고 10년 넘게 보석 사업을 한 사람이었다. 때문에 똑똑하고 섬세하고, 번득이는 판단력을 갖고 있다는 믿음이 있었다. 남편 역시 취미로 베이킹을 시작한 내가 육아를 병행하며 르 코르동 블루를 졸업하는 것을 보고 의지와 성실, 노력을 인정해 주었다. 하지만 카페 운영에는 두 사람 모두 초자였다. 특히 3D업종 중 하나라고 자신 있게 말할 수 있는 카페 사업은 소소하게 신경 쓸 일이 너무 많았다.

아무런 문제없이 일을 잘하다가 다음날 문자 한 통 달랑 보내고 그만두는 20대 초반의 아르바이트생들을 어떻게 다뤄야 하는지 몰랐다. 그 뿐인가? 싱싱하고 저렴하다고 몇 상자씩 사들인 채소를 어떻게 해야 더 오래 보관할 수 있는지도 몰랐다. 손님을 대하는 방법도 미숙했다. 마감시간에 막무가내로 커피 한 잔만 하겠다고 하고는 나가지 않는 손님을 어떻게 보내야 하는지도 몰랐다. 직원들이 바쁜 틈을 타서 돈도 내지 않고 도망가 버리는 손님들은 어찌해야 했나. 급박한 일이 있을 때마다 난감해하면서 서로의 눈만 바라보고 있었다. 우리는 서로를 너무 믿었던 것이다.

"그 정도쯤은 남편이 다 알아서 해주겠지."

"그런 것쯤은 아내가 다 알아서 해주겠지."

함께하는 시간이 길어졌기에 처음에는 서로를 탓하며 투정을 부리기도 했다. 불만들이 쌓여서 힘들기도 했다. 몇 번의 시행착오를 거치며 오해를 풀어갔고, 듀자미가 점차 자리를 잡아갈수록 여유가 생겨났다. 이제는 정말 서로에게 말하곤 한다.

"믿을 건 당신밖에 없어."

남편은 바리스타

내가 정말 마음에 들어 했던 것은 커피의 맛 그것보다는 커피가 있는 풍경이었는
지도 모르겠다. – 무라카미 하루키 〈커피를 마시는 어떤 방법에 대하여〉

카페를 오픈하기 전, 남편은 시간을 쪼개어 커피 수업을 들었다. 수업을 듣고 온
날이면 남편에게 커피향이 나는 듯 했다.
"오늘은 뭘 배웠어? 어떤 커피 마셨는데?"
궁금한 마음에 질문을 쏟아냈지만 정작 남편은 기나긴 수업 내내 테스팅하느라
마신 커피 때문에 정신이 없었다.
"나도 커피 배우고 싶어. 당신이 가르쳐 줄 거지?"
일어나자마자 모닝커피를 마시고, 하루에도 4~5잔의 커피를 마셨던 나. 디저트
카페를 하게 될 운명이었던 것일까. 커피와 디저트는 마치 남편과 나의 만남과
같다는 생각이 든다. 디저트를 먹을 때는 커피 생각이 나고, 커피를 마실 때는 디
저트가 먹고 싶은 것처럼 말이다. 케이크를 먹을 때는 커피 본연의 맛을 음미하
려고 꼭 한 잔씩 더 마시지만 말이다.
커피 자체가 분위기가 중요한 기호식품이기 때문인 것일까. 비오는 날의 커피는
또 다른 맛을 낸다. 창밖에 내리는 비를 바라보며 커피를 마시면 왠지 더 맛있게
느껴진다. 어떤 곳에서 누구와 마시느냐에 따라서 달라질 수 있는 것이 커피의
맛이기 때문인가 보다. 좋은 사람과 함께 마시는 커피도 좋지만 혼자 카페에 앉
아 사람 구경을 하며 조금씩 맛을 음미하는 커피도 좋다. 그 순간 좋아하는 음악
이라도 흘러나온다면 더 행복해지겠지.

남편은 에스프레소 머신을 구입한 뒤 더 바빠
졌다. 아메리카노, 카페라테, 카푸치노 등 여
러 가지 커피 종류에 맞추어 여러 번 테스트
를 한 끝에 최상의 레시피를 완성시켰다. 커
피에 맞는 잔을 고르는 것도 신중하게 결정했
다. 너무 큰 잔을 사용하면 에스프레소 투샷
을 넣어도 아메리카노가 묽게 되고 너무 작은
잔을 쓰면 양이 적다는 불만이 나올 수 있기
때문이었다. 드디어 남편은 남대문에서 적당
한 커피 잔을 골라내 반짝반짝 윤이 나게 닦은
뒤 새 커피머신에서 커피를 추출해서 첫 잔을
내주었다. 그때의 기쁨이란!
오늘도 변함없이 신선한 원두를 갈아 진한 향
을 내며 에스프레소를 추출하는 남편의 모습.
그의 등 뒤로 햇살이 비치니 드라마 〈커피 프
린스〉에 나오는 멋진 꽃미남 바리스타가 부럽
지 않게 느껴진다.

화성에서 온 남자, 금성에서 온 여자

오픈 준비를 하고 각자의 일을 어느 정도 마무리하고 나면 머리를 맞대고 회의를 한다.

멀리서 보면 부부가 다정히 대화를 하는 것 같아 보여도 사실은 말다툼 중이다.
"남편이랑 하루 종일 같은 공간에 있는 거 힘들지 않니?"
처음 일을 시작했을 때 주변에서 가장 많이 들었던 질문이다. 워낙 서로 잘 통했기에 남편이라기보다는 친구 또는 동지로 생각해 온 까닭에 내심 자신만만했다. 그러나 시간이 갈수록 그들이 하던 질문이 귓가에 맴돌았다.

꼼꼼한 성격의 남편, 그리고 사소한 것은 별로 신경을 쓰지 않는 나. 때문에 우리는 언제나 부딪힌다. 액자를 어떻게 배치할 것인가, 가구를 어떻게 놓을 것인가부터 시작해서, 케이크 데코레이션을 어떻게 할 것인가에 이르기까지 셀 수 없는 의견 대립이 벌어진다. 새로운 메뉴가 나올 때마다 메뉴판을 다시 인쇄하는 남편과는 달리 나는 번거롭지 않게 새로 나온 메뉴는 'new'라고 펜으로 써 넣자고 주장한다. 지저분한 것을 싫어하는 남편의 대답은 NO.

이런저런 사소한 일들로 처음에는 서로 큰소리로 으르렁거리며 싸웠다. 하지만 집에서 부부싸움을 하는 것처럼 오래 갈 수도 없는 일이었다. 일 때문에 어쩔 수 없이 말을 해야 하는 형편이라 손님들 앞에서 인상을 쓰고 있을 수는 없었다. 서로 마음을 조금씩 가라앉히고 나서 절충안을 생각하게 되었다. 재미있는 손님이 다녀가면 그 이야기를 핑계 삼아 어색한 감정을 풀어버리곤 했다.

손님의 의견 하나하나에 신경을 많이 쓰는 남편과는 달리 웬만한 건 대수롭지 않게 생각하고 넘겨버리는 나. 남편은 그런 나를 '단순 무식'이라고 부르지만 그 때문에 남들보다 스트레스를 덜 받는지도 모른다. 카페를 오픈하고 난 뒤 성격차이 뿐 아니라 직업차이까지 문제가 됐다. 단가를 계산하며 케이크를 만드는 것을 싫어하는 나를 위해 남편은 단가를 계산할 수밖에 없었다. 남편은 언제나 나에게 비즈니스마인드가 없다고 말한다. 처음에는 내가 만든 케이크의 가치를 돈으로 계산해 버리는 게 정말 싫었다. 부끄럽지만 그래서 외면했는지도 모른다. 어쩌면 남편이 알아서 해 줄거라는 믿음이 있어서인지도 몰랐다.

"쇼케이스에 케이크 넣을 때 지문 좀 묻히지 마."

"지문을 어떻게 안 묻혀?"

케이크를 쇼케이스 안에 넣을 때는 손잡이 부분만 만져야 하지만 정신없이 바쁠 때는 유리에 지문을 묻히게 된다. 남편은 유난히 그런 것에 질색한다. 그냥 묵묵히 닦으면 될 것을 굳이 내게 잔소리하는 남편이 못마땅하다. 잔소리에 민감한 아내와 나이가 들수록 유난히 잔소리가 많아지는 남편.

"테이블은 각 맞춰서 잘 정리해 놔야지. 약간 앞으로 나왔잖아."

"어디? 난 모르겠는걸."

뭐든지 딱딱 정확히 두어야 하는 남편. 그리고 그런 소소한 것은 눈에 잘 보이지 않는 나. 마트에 장 보러 갈 때도 남편의 결벽증은 계속된다. 쇼핑물품들을 장바구니에 넣을 때도 단단한 것을 바닥에 두고 각을 잘 맞춰서 넣어야 한다.

듀자미를 다녀간 어떤 분이 블로그에 올린 것처럼 '예민해 보이시는 사장님'(그분은 예민해 보이셔서 신뢰가 간다고 쓰셨다)은 실제로 예민하시다. 반면 난 좀 둔한 편이니 늘 티격태격할 수밖에 없다. 처음에는 남편이 까칠하게 행동하는 게 큰 스트레스여서 많이 싸웠다. 하지만 같은 공간에 있는 시간이 길어지다 보니 생존방법을 터득하게 되었다. 만약 계속 각자의 성격만 고집했다면 서로 다른 톱니바

퀴모양을 했던 우리들의 톱니바퀴가 다 마모되었을지도.

우리는 식성도 완전 반대다. 나는 고추장을 푼 칼칼한 매운탕을 좋아하는데, 남편은 담백한 지리를 좋아한다. 기름진 튀김이나 과자, 빵 같은 주전부리를 좋아하는 나와 달리 남편은 채소와 과일을 좋아한다. 그래서 항상 술을 마실 때도 안주를 무엇으로 할 것이냐에 고민한다. 물론 이럴 때는 항상 내 의견에 따라 주지만.

옥신각신하는 중에 웃지 못할 일이 생기기도 했다. 여러 가지 신메뉴를 선보이고 싶은 마음에 단가 계산이 끝나지 않은 케이크를 쇼케이스에 그냥 내놓아서 남편을 당황하게 만들기도 했다. 가끔씩은 색다른 케이크를 준비해 손님들에게 '서프라이즈'처럼 선보이는 일탈도 재미있지 않을까 생각하지만 남편은 그런 즉흥적인 행동이 프로답지 못하다고 여긴다. 결국 그 지점에서 우리는 서로를 다른 행성에서 온 외계인으로 생각하게 된다.

평상시에는 서로 으르렁대다가도 일단 카페에서 우리의 공연이 시작되면 환상의 콤비가 된다. 남편이 음료를 만들면 나는 케이크 플레이팅을 한다. 내가 애플타르트를 접시에 올리면, 남편은 아이스크림을 올린다. 긴박하게 호흡을 맞춘 결과 여러 팀의 손님이 한꺼번에 들어 오더라도 주문한 것들을 빠르게 서빙할 수 있게 되었다. 주문이 들어왔을 때 주방에서 일하는 사람들의 호흡이 잘 맞으면 둘만으로도 충분히 해낼 수 있는 일들이 호흡이 맞지 않아 우왕좌왕한다면 여럿이 일을 해도 빠르게 서빙이 될 수 없다. 주방일은 마치 생방송과 같아서 호흡을 맞춰서 움직이지 않으면 사고가 날 수 있다. 서로의 스텝이 엉켜 넘어질 수도 있고 유리가 깨져 카페에 순간 정적이 흐를 수도 있다. 한번 주문이 밀리면 줄줄이 늦어지고, 한 사람이 불평하기 시작하면 자연스럽게 다른 손님들도 늦게 나온다는 불평을 하게 된다.

작업실에서도 우리는 죽이 척척 맞는다. 내가 무스 크림을 만들 준비를 하면 남편은 케이크 시트를 꺼내서 틀에 넣는다. 온도계를 찾으면 어느새 남편의 손에 온도계가 있다. 축구에서 한 선수가 슬라이딩 패스를 해 주면 재빨리 그 공을 받아서 슬라이딩 슛으로 골인시킬 때의 짜릿함. 천재적인 추리력으로 미궁의 사건을 해결하는 셜록 홈즈와 그의 수사를 돕는 조력자인 왓슨박사의 콤비플레이. '듀자미'라는 남편과 나의 무대에서 우리는 환상의 콤비다.

오랜 시간 함께 일을 하다 보니, 그 어느 부부보다 서로를 더 잘 이해하게 된 것 같다. 아니, 이해한다기보다 서로 생각이 다를 수 있음을 인정하게 되었다고 할까? 서로가 서로의 부족한 부분을 채워나가는 것도 재미있는 일이니까. 매일 학교에서 보는 친한 친구일수록 집에 가서 전화로 수다를 더 길게 떨던 여고생 시절처럼 남편과도 싸우는 만큼 친해지는 것 같았다. 떨어져 지낼수록 더 서먹해지고, 오랫동안 함께 지낼수록 공유할 무언가가 많아졌다. 그럼에도 불구하고 함께 일을 하는 한 때때로 우리는 격렬하게 싸울 수밖에 없다. 앞으로는 또 어떤 일로 싸우게 될까?

케이크 만드는 남자

"살려줘요, 뽀빠이!"

어릴 때 즐겨보던 만화 <뽀빠이>에서 올리브는 항상 그렇게 외치곤 했다. 가녀린
그녀의 외침에 뽀빠이는 시금치를 먹고는 힘이 불끈 솟아서 올리브를 구해 주었
다. 나는 올리브처럼 가녀리지도 않지만 힘이 들 때면 남편에게 외쳤다.

"도와줘요!"

어시스턴트가 쉬거나 케이크가 밀려 있을 때는 남편의 도움을 받는다. 취미로 베
이킹을 할 때부터 옆에서 시시콜콜 질문을 하던 남편은 작은 일이라도 잘 도와
주었다. 가끔씩은 '이렇게 하는 게 더 좋겠다'며 생각지도 못한 번득이는 아이디
어를 제안할 때도 있었다. 컵케이크를 만들면 옆에서 크림을 같이 발라주던 남
편은 어깨너머로 배운 것이 무섭다고 하루가 다르게 실력이 일취월장해서 이제

웬만한 어시스턴트보다 시트를 잘 굽고 크림도 잘 만든다.

손재주 좋은 남편에게 본격적으로 제과를 가르쳐 주기 시작했다. 남편이 알고 있어야 함께 일하기가 수월하고, 디저트가 주를 이루는 카페이다 보니 음료 파트만 해서는 안 되었기 때문이다. 내가 옆에 있을 때만 잘 하는 것은 소용이 없으므로 가끔 한 가지 미션을 주고 자리를 뜨곤 했는데 언제나 그 미션을 기대 이상으로 수행해 놓았다. 하나를 알려주면 열을 해 내니 기특했다.

보석 일을 할 때는 홍콩의 진주 쇼에서 디자인상을 탈 만큼 미적 감각도 뛰어난 남편이라 새로운 케이크를 개발할 때면 시각적인 면에서 항상 조언을 구한다. 남편도 이 일을 같이 하면서 누구보다도 디저트를 사랑하게 되었고, 나는 평생 디저트에 대한 열정을 공유할 든든한 동지가 가까이에 있다는 사실이 참 행복했다. 내가 케이크에 대해 신이 나서 말할 때 옆에 있는 사람이 건성으로 듣는다거나 관심을 두지 않는다면 정말 재미가 없을 것 같다.

남편은 새로운 케이크를 많이 보고, 더 잘 알기 위해서 파리로 디저트 공부를 떠날 계획이다. 전구도 못 갈아 끼우는 좌충우돌 셰프는 과연 남편 없이도 잘 살아 남을 것인가?

퇴근 후 1시간

"오늘은 재미있는 일 없었어?"

"팥빙수 곱빼기 없냐고 물어봐서 2배로 담아드린 손님 있잖아? 그 손님이 오셨는데 캐러멜 소금케이크가 맛있다면서 드시고 나서 하나 더 드셨어."

"그래? 정말 재미있는 손님이네. 원래 무엇이든 다 곱빼기를 좋아하나 봐."

"어제 그 손님은 핸드폰 찾아가셨어?"

"응. 그 손님이 바쁘다고 어머님이 대신 오셨는데, 딱 봐도 어머님인줄 알겠더라고."

"케이크 주문하신 분은 찾아가셨어?"

케이크를 구워야하는 나는 아침 일찍 출근해서 별다른 일이 없으면 아들이 학원에서 돌아오는 시간에는 퇴근을 한다. 남편의 귀가시간은 평일 오전 12시, 주말은 새벽 1시다. 하지만 아무리 피곤해도 매일 남편을 기다린다. 남편이 돌아오면 밀린 이야기를 풀어놓는다. 매일 보는데 무슨 할 말이 있겠느냐마는 그 시간이 우리 부부에게는 하루의 피로를 푸는 중요한 의식과도 같다. 작업실에서 일하느라 알지 못했던 손님 이야기, 주변 사람들이나 직원에 대한 이야기를 하느라 시간가는 줄 모른다.

이상하게도 카페를 시작하면서부터 우리 부부는 다투는 일이 부쩍 적어졌다. 전에는 크고 작은 일로 언성을 높이며 싸우기도 했는데, 이제는 서로가 자신의 일을 위해 얼마나 애쓰고 노력하며 하루를 보내는지 눈에 뻔히 보이기 때문에 서로 이해하고 더 아껴주게 되었다.

퇴근 후 1~2시간은 직원들과 함께하기도 하는 시간이기도 하다. 처음에는 일이 끝나면 녹초가 되고 힘들어서 집으로 돌아가기 바빴다. 하지만 여유가 생기면서 직원들과 시간을 보내는 것도 중요하다는 생각이 들었다. 매상이 최고를 기

록한 날이나 직원 생일, 위로할 일이 생길 때 남편
은 말한다.

"우리 회식하자!"

"콜!"

큰소리로 외치며 우르르 몰려나가 정종을 마시거
나 맥주를 마시면서 힘든 일도 털어놓고 서로의 일
과 사랑, 꿈에 대해서도 도란도란 이야기를 나눈
다. 영화배우가 되는 것이 꿈이었던 한 친구는 "돈
을 모아서 꼭 파리 여행을 가고 싶어요"라고 했고,
얌전해 보이기만 했던 친구는 "저는 디저트와 옷
을 한 곳에서 구매할 수 있는 가게를 운영하는 것
이 꿈이에요"라고 말해 우리를 놀라게 했다. 물론
그 자리에서도 우리의 공동 주제인 손님에 대한 이
야기는 끝없이 이어지지만 말이다. 서로의 이야기
를 털어놓고 들어주면 몸의 피로까지 가시는 것 같
았다. 회식 다음 날이면 더 친해지고 서로를 잘 이
해하게 되어서 듀자미에서의 하루도 즐거워진다.
짧은 시간이 쌓여 남편과 나, 우리와 직원들, 그리
고 직원들과 손님… 끝임없는 상호작용으로 이어
지는 연결 고리를 날이 갈수록 더욱 견고하게 만
들고 있었다.

도쿄 디저트 여행

처음 비행기를 타는 아이처럼 비행기가 뜨자마자 '야호!'를 외치며 환호를 했다.

카페를 시작하고 하루도 온전히 쉬지 못해서 몸도 마음도 지쳤을 때 휴가 계획을 세웠다. 더운 여름이라 계곡이나 바닷가에서 피로를 풀고 싶은 마음이 굴뚝같았지만, 많은 것을 보고 영감을 얻고 싶어 '도쿄 디저트 여행'을 계획했다. 재충전과 자료조사를 겸해 한적한 카페에서 다른 사람이 만들어주는 디저트를 먹을 생각으로 행복하기만 했다.

3박 4일의 짧은 코스이다 보니 알뜰하게 시간을 써야 했기에 아침 8시 비행기를 예약했다. 무턱대고 예약은 했지만 새벽 6시에 출발하는 일이 걱정이었다. 떠나기 전날은 손님이 너무 많아서 하루 종일 케이크를 구어야 했다. 새벽에 들어가서 침대에 누웠는데 소풍가는 어린아이처럼 들떠서 잠이 오지 않았다.

2년 만에 다시 찾은 타르트집 키르훼봉 Qu'il fait bon은 예전 모습 그대로였다. 평일 낮인데도 불구하고 웨이팅 리스트에 이름을 올리고 차례를 기다렸다. 입구 쪽 대기자 의자에 앉아있을 때 2인석이 군데군데 비기 시작했다. 우리 가족은 셋이었고 뒤는 2인 대기자들이 많았는데 직원은 뒷사람을 먼저 안내하지 않았다. 시간이 갈수록 2인석은 비어갔다. 그제야 우리에게 점원이 와서 양해를 구했다.

"3인석이 생기지 않으니 이 음료를 마시며 조금만 더 기다려 주세요. 죄송하지

만, 나중에 오신 손님께 먼저 자리를 내 드려도 될까요?"

친절한 서비스 탓에 대기시간이 있어도 즐거웠다. 맛 역시 예전 그대로였다. 특히 복숭아를 소복이 쌓은 복숭아 타르트는 한국에 돌아가서 꼭 만들어 보고 싶었다.

반면 예전과 다르게 맛이 달라진 디저트 가게도 있었다. 가게를 확장하면서 맛이 떨어졌다는 평을 받고 있었지만 예전의 맛이 그리워서 찾아갔다. 그러나 결론은 대 실망! 디저트 맛도 변했고 예전과 같은 친절한 서비스를 찾아볼 수 없었다. 다시 가지 않았으면 예전의 기억이라도 간직할 수 있었을 텐데.

돌아오는 날에는 제과도구와 재료, 그릇을 파는 갓빠바시 시장에서 몇 가지 도구들과 그릇을 샀다. 이 날 쇼핑의 진면목은 바로 타르트 팬. 주름 형, 링 형, 그리고 복숭아 타르트를 만들 타르트 팬도 샀다.

집에 돌아와 기억을 살려 복숭아 타르트를 만들었다. 조금씩 잘라서 단골 손님들에게 드리니 너무 좋아하셨다. 특히 여자 손님들이 열광했던 그 타르트, 올 여름에도 한번 만들어 볼까.

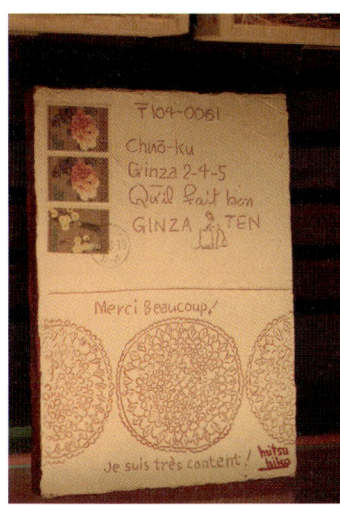

천천히 걷기

언제부터인지 모르게 행복하지 않다는 생각이 들었다.

오픈 초기에는 손님이 많지 않아서 케이크 만드는 일이 그리 버겁지 않았다. 많지 않은 종류의 케이크를 즐겁게 만들면서 '만들고 싶은 케이크를 실컷 만드니 정말 행복하다'고 생각했다. 아이디어가 떠오를 때마다 새로운 케이크를 완성하는 성취감도 나를 행복하게 만들었다. 그러나 손님이 많아지기 시작하면서 적당한 일감이 주는 여유는 송두리째 사라졌다. 일은 점점 많아지는데 옆에서 도와주는 직원은 가르쳐 놓으면 그만두는 바람에 모든 일이 고스란히 내 차지가 되어가고 있었다. 제과점에서 일해 본 적도 없었을 뿐만 아니라 하루 종일 서서 몸을 움직이며 하는 일들은 처음이라 체력도 금세 바닥이 났다.

일은 해도 해도 끝이 없었다. 같은 케이크를 반복적으로 만들어 내야 해서 재미도 느낄 수 없었다. 새로운 레시피를 개발할 시간적, 마음적인 여유도 없이 모든 일들이 폭풍처럼 몰아치듯 한꺼번에 닥쳐왔다. 일이 바쁘다 보니 한창 사춘기인 아들과 기분 좋은 대화를 나누는 시간도 줄어들었다.

큰일이었다. 일이 재미 없어지기 시작했다. 케이크를 만들면서 행복해지고 싶었는데 몸이 너무 고달프다는 생각이 들었다. 몸이 편치 않으니 마음의 여유도 없어져 갔다. 막상 일을 시작하고 나니 밤에는 녹초가 되어서 만사가 다 귀찮았다. 친구들이 온다 해도 작업실에서 일하느라 같이 앉아있는 시간이 1시간도 되지 않았다. 언제 한번 놀러 오라고 친구들에게 말하기가 겁나고, 그런 마음을 들킬까 봐 미안하기까지 했다. 그렇게 정신없이 지내다 보니 마음이 불행해졌다.

'무슨 부귀영화를 누리겠다고 이렇게 아등바등하나.'

그러던 중 오랜만에 친구에게 전화가 왔다.

"선미 어머니가 돌아가셔서 친구들이 다 모이기로 했는데, 올 수 있지?"

선미 어머니가 편찮으셔서 오랫동안 병원에 계신다는 말은 들었지만, 돌아가셨
다니 마음이 아팠다. 빨리 달려가서 위로를 해 줘야겠구나 싶으면서도 몸이 너
무 힘들 때라서 잠시 갈등이 되었다. 그날 꼭 처리해야 하는 일들이 빠른 속도로
머릿속을 스쳐갔다. 그 일들을 다 처리하기에도 하루가 모자란 상황이라고 생각
하니 '그냥 가지 말까?' 하는 편협한 생각이 마음 속에 자리를 잡았다. 문득 그런
갈등을 하고 있는 내 자신이 너무 못마땅하게 느껴졌다. 마음을 고쳐먹고 급한
일 몇 가지를 후다닥 처리한 뒤에 장례식장으로 달려갔다. 친구의 얼굴을 보고
손을 잡고 위로를 해 주고 오니 마음이 편해졌다.

돌아오는 길에 오랜만에 푸른 하늘을 바라보았다. 가을 하늘이 어느새 많이 높
아져 있었다. 작업실로 돌아와서 남은 일들을 마치고 난 뒤 커피 한 잔을 들고
테이블에 앉았다. 카페에 나오면 작업실에 들어가서 하루 종일 케이크를 만드
느라 한가한 시간을 누려보지 못했다. 그렇게 앉아 창밖으로 지나가는 사람들
을 구경하고 내가 좋아하는 카푸치노와 초콜릿케이크 한 조각을 맛보는 여유를
즐기니 살 것 같았다.

'조금만 속도를 늦추면 더 많은 것을 얻으며 살 수 있을 것을.'

09 Deux Amis
뷰파인더

사진은 단순히 피사체를 찍는 것이 아니라 '대상과 나의 관계'를 찍는 것이라고 한다.

그래서 다정한 관계에서 좋은 사진이 나오는지도 모른다. 나의 경우, 사람을 찍는 데는 서툴지만 케이크를 찍을 때는 신이 난다. 이상하게도 찍는 사람에 따라서 사진은 달라진다.

르 코르동 블루에서 제과 수업을 할 때 만드는 법을 배우는 것도 재미있었지만, 셰프들이 케이크 만드는 과정을 사진으로 찍는 것도 큰 즐거움 중 하나였다. 섞고, 붓고, 굽는 과정들을 포착해서 카메라에 담으면서 뷰파인더를 통해 셰프들의 멋진 케이크를 보았다. 빠른 셰프의 동작을 잡아서 사진을 찍을 때면 생각지 못한 아름다운 사진이 나오기도 했다.

박동감 넘치는 사진들이 너무 좋아서 셰프들의 시연 사진을 듀자미의 한쪽 벽에 걸어두었다. 사람들은 모두 그 사진에 호기심을 가졌다.

"이건 과일 타르트 만드는 장면이네요. 멋져요."

"저 케이크도 팔고 있나요? 맛있어 보여요."

뷰파인더를 통해 처음 케이크를 보게 된 것은 베이킹을 주제로 블로그를 시작하면서부터였다. 남편은 가족들의 사진을 찍는 것을 좋아해서 오래 전 DSLR 카메라를 사서 여행을 갈 때마다 큰 카메라를 들고 다녔다.

"그거 너무 무겁지 않아?"

"이 카메라로 사진 찍는 게 얼마나 재미있는데!"

카메라에 관심이 없던 때라서 그냥 지나쳤는데, 어느 날 그 카메라로 케이크를 찍어보니 너무 예쁜 모습으로 나오는 것이었다. 옆에서도 찍고, 위에서도 찍고 여러 각도에서 찍어서 블로그에 올리기를 반복했다. 어쩌면 실제 케이크보다 뷰 파인더를 통해 아름답게 미화된 케이크의 모습을 즐겼는지도 모르겠다. 블로그에 취미를 붙인 것도 예쁜 케이크 사진 때문이었는지도….

아이를 낳아 기를 때 귀여운 모습들을 보면 항상 카메라에 담고 싶은 것과 마찬가지로 케이크를 만들고 나서도 그냥 먹어버리기 아까울 때가 있다. 아쉬운 마음에 사진을 찍고 레시피를 적어 기록을 하다 보니 블로그도 활발히 운영하게 되었다.

블로그에 자주 등장하는 질문.

"어떤 카메라 쓰세요?"

요즘 사람들은 카메라에 관심이 많은 것 같다. 어떤 카메라를 사용하든 중요한 것은 여러 번 반복해서 찍어 보면서 나만의 각도와 분위기를 만들어 가는 것이다. 만들고 찍어 둔 것을 블로그에 차곡차곡 올린 뒤 가끔씩 열어 보면 지나간 일기를 보는 것처럼 입가에 미소가 지어지곤 한다.

현실을 지나치게 왜곡하는 것은 옳지 않지만 조금은 아름답게 보는 것도 괜찮지 않을까. 뷰파인더를 통해 바라보는 케이크처럼 말이다.

가족 나들이

하나하나 정성스레 만든 케이크로 가득 찬 쇼케이스.

이른 아침 신선한 케이크로 꽉 채워져 있는 제과점의 쇼케이스를 보면 저절로 행복한 미소가 입가에 번진다.

케이크를 좋아하는 우리 부부는 시간이 날 때나 케이크가 먹고 싶을 때마다 디저트 카페를 찾아다녔다. 제과를 배우기 전에는 그저 케이크가 좋아서 즐기면서 먹으러 다녔고, 제과를 배운 뒤에는 재료의 조화, 디자인 등을 분석하며 즐겼다. 최근에는 매장에서 직접 셰프가 만든 케이크를 서빙하는 카페가 많이 생겨나는 추세라 케이크를 먹으면서 만든 이의 손맛을 느낄 수 있어서 좋다. 가끔 운 좋으면 직접 만드는 모습을 볼 수 있는데 집중해서 만드는 그 손놀림이 얼마나 아름다운지….

딸기케이크를 만들기 위해 싱싱한 딸기를 조르르 세워두고, 크림을 듬뿍 짜서 케이크 위에 올리는 모습, 오븐에서 갓 나온 폭신한 스폰지를 칼로 살살 자르는

Life is short, eat dessert first.

모습까지, 보기만 해도 먹고 싶어진다. 가끔 테이블이 없는 디저트 가게에서 포장을 한 뒤 집에 오자마자 신선한 상태로 빨리 먹어 본다. 누군가가 만들어 주는 케이크를 먹는다는 것은 언제나 행복한 일이다.

케이크를 잘 만들기 위해서는 많이 맛보고 미각을 단련시키는 과정도 중요한 것 같다. 지금도 시간 날 때면 남편과 함께 새로 오픈한 디저트집이나 유명 맛집을 찾아다닌다. 듀자미를 오픈한 뒤부터는 직접 만든 케이크를 먹기 때문에 지루하기도 하다. 가끔 다른 사람이 만든 케이크를 먹으면 정성이 느껴져 행복하기도 하지만 맛이나 서비스에 실망할 때면 '나는 그러지 말아야지' 하며 초심으로 돌아가는 계기가 되기도 한다.

특급호텔의 디저트, 외국의 분점, 젊은 사람이 좋아하는 디저트 카페…. 다양한 곳을 찾아 다니며 빠른 속도로 변하는 시장의 흐름을 파악하려고 한다. 하지만 나들이 때마다 아들의 선택은 와플이나 치즈케이크, 초콜릿케이크가 전부다. 특별한 디저트 메뉴를 고르지 않는 아들 녀석을 보면서 디저트 세계의 정답은 '대중적인 메뉴와 맛을 찾는 것'이 아닌가 하는 생각도 든다.

오늘도 우리 가족의 디저트 마실은 계속된다. 어느 디저트 가게의 영수증에 쓰여 있는 문구처럼.

Life is short, eat dessert first.

인생은 짧다. 디저트부터 먹자. 맛있는 디저트부터 먹자!

꽃을 든 남자

writer 홍승현

이른 아침 강남 고속터미널 꽃 도매 시장에는 여자 손님들로 그득하다.

그 중 유일한 남자라면 바로 나. 오랫동안 보석 사업을 한터라 여자들을 주로 상대했으니 어색할 것 없었다. 오히려 나를 어색해하는 것은 꽃상가의 상인들이었다. 처음 "이 꽃 한단에 얼마예요?" 라고 물어보면 그들의 반응은 시큰둥했다. 그도 그럴 것이 그 시간에 꽃시장에 오는 사람들은 대부분 업계 종사자들이다. 꽃 이름을 다 알고 있을 뿐 아니라 주저함 없이 "이 꽃과 저 꽃 주세요"라면서 고민 없이 척척 구입하는 손님이 대부분이었다. 꽃 이름도 모르는 남자가 와서 꼼꼼히 따지고 '이걸 살까 저걸 살까' 살피니 좀 귀찮을 법도 했다.

하지만 일주일에도 2~3번씩 꽃을 사러 가고, 갈수록 꽃을 잘 맞춰서 고르게 되면서 상인들의 반응이 달라지기 시작했다. 한결같이 같은 시간에 꽃을 사러 가니 말을 거는 주인도 생겨나고, 무뚝뚝했던 아줌마도 달달한 커피 한 잔을 내밀었다.

"오늘은 장미가 참 좋아. 1천 원에 가져가. 난 이제 이것만 팔고 들어가려고."

제 아무리 디자이너 출신이라고 해도 처음에는 총천연색 꽃들을 한두 가지 조합하는 것도 어려워 장미꽃과 안개꽃처럼 내가 알고 있던 상투적인 조합으로 꽃을 샀다.

"그건 너무 촌스러운 조합이에요."

꽃을 본 아내와 직원들은 다들 한마디씩 했다. 자꾸 꽃시장에 가다 보면 감각도 업그레이드되는 것일까. 다른 사람들이 어떤 꽃을 골라가는지 눈여겨보게 되었다. 큰 꽃과 잔잔한 꽃, 강렬한 색과 은은한 색, 초록 잎과의 조화까지 터득하게 되었다.

처음에는 카페에 생기를 불러일으켜볼까 해서 꽃을 꽂기 시작했지만 하다 보니 데코레이션 하는 재미가 쏠쏠했다. 예쁘게 꽃을 꽂아두면 손님들은 "어머 이 꽃 좀 봐"라며 즐거워했다. 어떤 손님들은 생화가 마음을 편하게 해준다고 좋아했다.

꽃과 케이크. 참으로 사람을 즐겁게 하는 조합이 아닌가.

살아있는 식물을 놓아 두면 카페에 활기를 불어 넣는 것 같아서 양재동 꽃시장에 가서 제철 화분을 번갈아 가며 카페 안팎에 놓아 두었다. 꽃과 달리 화분을 키우는 일은 손이 많이 갔다. 조금만 방치해 두면 시들어 죽기 일쑤였다. 매일 흙을 만져보고 건조하면 물을 주면서 잘 자라도록 관심을 주어야 하는 일이었다. 우리가 조금만 더 신경을 써서 손님들이 즐거워진다면 얼마나 좋은 일인가.

하지만 가끔은 정말 말리고 싶은 손님도 있다. 수다를 떨면서 꽃잎을 다 뜯어놓는다거나(정말 이해할 수 없었다) 꽃을 뽑아서 만지작거리는 손님. 그 뿐인가. 남자친구와 함께 온 여자 손님들은 꼭 머리에 꽃을 꽂아본다는 공통점이 있다. 그 모습이 얼마나 재미있었던지…. 한번은 야외 테라스에 놓아둔 꽃이 꽃병 통째로 사라진 적도 있었다. 아마도 지나가던 연인이 가져간 것이라고 추측했다. 그 꽃병을 주며 프로포즈라도 한 것일까? 부디 성공하셨기를….

플레이팅

writer 홍승현

뜨거운 물에 담갔다 물기를 닦은 칼로 케이크를 한번에 조심스럽게 잘랐다.

서버로 살며시 케이크를 덜어 접시에 놓았다. 무엇인가 부족해 보였다.

"임팩트가 부족해."

아내가 나를 쳐다 보았다.

케이크는 먹기 전에 눈으로 먼저 맛보는 디저트이기 때문에 항상 비주얼에 초점을 둘 수밖에 없었다. 케이크를 접시에 담고 밋밋한 접시 위에 소스로 모양을 냈다. 또 다른 케이크는 윗면에 슈가파우더를 솔솔 뿌리고 마카롱을 꽂아 보았다. 그냥 케이크만 덩그러니 담겨있는 접시보다 확실히 풍성한 느낌이 들었다.

"이렇게 서빙하자!"

"좋아!"

"하지만 마카롱은? 모두 마카롱을 올려 서빙하는 것은 곤란해. 계속 구워야하는 품목이 늘어나고 있잖아."

단가 계산을 하는 대신 케이크 플레이팅의 완성도를 높이는 쪽으로 결정했다. 케이크 위에 마카롱을 꽂아 서빙을 시작했다. 반응은 폭발적이었다.

"어머! 저 케이크는 무슨 케이크죠? 저도 저 케이크 한쪽 주세요."

음료만 시킨 손님들도 서빙되어 나가는 모양새를 보고는 추가 주문을 했다. 그러다 보면 모든 테이블 위에 예쁜 케이크 접시가 하나 이상 올라가 있곤 했다. 케이크 접시는 오픈 당시 일률적으로 맞춘 게 아니라 아내가 살림하면서 하나씩 사모은 것들이라 수량이 많지 않았기 때문에 접시가 모자랄 지경이었다.

마카롱은 사실 판매를 목적으로 만든 것은 아니었다. 아내가 연습 삼아 이런 저런 레시피를 연구하기 위해서 계속 구워냈던 것. 케이크 위에 하나씩 장식하면서 손님들의 관심도 높아졌다.

"마카롱만 따로 살 수 있을까요?"

"다음 주에 회사에서 파티를 하는데 마카롱을 주문할 수 있을까요?"

가끔 마카롱이 떨어지면 난감한 상황이 연출되기도 했다.

"어! 마카롱은 안 올려 주나요? 지난번에는 맛있게 먹었는데…."

싫든 좋든 마카롱을 구워야 하는 상황이 되어버렸다.

여러 가지 시도 끝에 아내는 제법 맛있는 마카롱 레시피를 완성했고, 상자도 디자인해 판매를 시작했다. 이거야말로 손님과 우리가 윈윈하는 전략이 아닐까? 손님들은 케이크 위에 얹은 마카롱을 하나 더 먹을 수 있어서 좋고 아내는 맛있는 마카롱을 만들어 낼 수 있었으니.

요리에서도 음식의 담음새가 중요하듯 케이크 만들기의 화룡점정은 '플레이팅'이라고 생각한다. 결국 마카롱을 꽂는 아이디어가 '듀자미표 플레이팅'을 완성해준 셈이었다. 그런 의미에서 나는 아내가 만든 케이크에 생명을 불어넣는다는 자부심을 느낀다.

넓은 접시에 케이크를 한 조각씩 올리기 때문에 여백에도 장식적 요소를 가미하고 싶었다. 진한 치즈케이크에는 빨간 산딸기 소스와 산딸기마카롱을, 캐러멜 소

금케이크에는 초콜릿 소스와 캐러멜 소스를 섞어 장식하고 얼그레이 초콜릿마카롱을 올렸다. 녹차 딸기케이크에는 상큼한 딸기 소스를 뿌려 사랑스럽게 연출하고 체리가 들어간 포레누와케이크에는 체리를 하나 올린 뒤 체리 소스로 모양을 내 먹음직스러워 보이도록 장식했다.

카페를 오픈하고 난 이후부터는 다른 레스토랑에 갈 때마다 플레이팅을 유심히 관찰하는 버릇이 생겼다. 시행착오 끝에 점점 나만의 노하우가 생겼다. 작은 티스푼에 소스를 올린 뒤 손목을 이용했다. 손에 점점 힘을 빼며 선을 쭉 이어주거나, 규칙적으로 소스를 떠서 모양을 내며 그리기도 했다. 손동작을 크게 하면 시원하게, 작게 하면 여성스럽고 앙증맞은 플레이팅을 할 수 있다.

무엇보다 케이크 자체가 맛있어야 하지만 조금 더 먹음직스럽게 보이기 위해서 데코레이션을 하는 것이다. 그저 장식을 했을 뿐인데 손님들은 그 소스까지 포크로 싹싹 긁어서 비운다. 깨끗한 접시를 보고 나니 단지 장식을 위해 올리는 소스도 맛을 생각하지 않을 수 없었다.

맛과 장식, 두 마리 토끼를 잡기 위해 마치 예술가처럼 오늘도 나는 접시 위에 그림을 그린다.

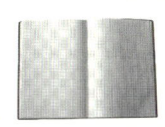

PART 4

소소한 카페일기

카페에서 바라보는 풍경이 사계절 바뀌듯, 오가는 손
님들의 표정과 이야기가 더해지면서 듀자미도 조금
씩 다른 모습이 되어 갑니다. 매일매일 카페에서 벌
어지는 우리들의 소소한 이야기가 있어 하루가 풍성
하지요. 달콤 쌉싸래한 에스프레소처럼 짜릿하지는
않지만 잔잔한 즐거움으로 가득한 카페 듀자미.
두근두근, 오늘은 또 어떤 일이 일어날까요?

01 Cafe Diary
하루하루

"무슨 냄새지?"

순간, 가슴이 덜컥 내려앉았다. 오븐에 빵을 넣은 것은 생각이 나는데 꺼낸 기억이 없었다.

"알람소리를 왜 듣지 못했을까? 분명히 알람 설정을 해 놓았는데."

짧은 순간에 이런저런 추측과 변명, 자기 합리화를 해 보았지만 오븐에서 나온 빵은 이미 바닥이 다 타버렸다. 큰일 났다. 빵을 태워버렸으니 다시 반죽부터 시작해야 했다. 잠깐 다른 일을 한 사이에 생긴 실수였다.

샌드위치를 주문하는 손님들에게는 다른 메뉴를 추천했다. 식사를 하기 위해 온 손님들은 그냥 돌아갈 수밖에 없었다. 죄송하고 민망한 마음에 얼굴이 화끈거렸다. 빵이 탄 것 보다 대안이 없다는 사실이 더욱 창피했다.

제빵을 공부한 친구에게 물어보니 오븐에서 갓 구운 빵을 바로 냉동시키면 바로 구운 빵의 질감과 크게 다르지 않다고 했다. 혹시 모를 일에 대비해 몇 개의 빵을 구워서 냉동시켜 두는 것도 좋을 거라고 조언을 해 주었다. 집에서 빵을 굽는 것과 판매하기 위해 빵을 굽는 것이 다르다는 것을 왜 미처 알지 못했을까. 직접 구운 빵이 맛있다는 이유만으로 무모한 욕심을 낸 것 같았다.

손님들은 차례로 1~2테이블씩 간격을 두고 들어오지 않았다. 한꺼번에 3~4테이블씩 동시에 주문이 들어오면 어쩔 줄을 몰랐다. 예행연습은 충분히 했다고 생각했지만 서로 손발이 맞지 않아 우왕좌왕하는 사이 주방은 뒤죽박죽이 되었다. 주방에서 음료, 샌드위치, 케이크 플레이팅을 동시에 진행하다 보니 주문이 밀려 기다리는 시간이 길어졌다. 손님들이 지루해 할까 봐 케이크를 먼저 서빙했더니 더 문제였다. '케이크는 다 먹었는데, 왜 음료가 아직 안 나오느냐'는 지적을 들

었다. 이런저런 사건 사고로 분주했던 하루가 지나면 비로소 안도의 한숨을 쉴 수 있었다.

'내일은 오늘보다 나아지겠지.'

시간이 지나면서 손님의 마음을 읽는 센스도 조금씩 생겼다. 추운 날 꽁꽁 얼어붙은 손님에게는 자리에 앉자마자 따뜻한 물을 가져다주었다. 아이를 데려온 손님에게는 우유나 오렌지 주스를 서비스로 내주었다. 냉정하고 차갑게만 느껴지던 가로수길 손님들은 점점 우리와 친밀한 소통을 하기 시작했다.

"이 앞 트럭에서 귤을 팔기에 사왔는데, 한번 드셔 보세요. 올해 처음 사보는 귤인데, 아주 단걸요."

"이 케이크들을 다 직접 만드시는 거예요? 힘드시겠다."

"지난번에 먹었던 케이크가 맛있어서 또 왔어요."

격려와 마음을 나누는 손님은 물론 다시 방문하는 단골손님이 늘어나자 우리도 차츰 안정을 찾게 되었다. 소소한 사건 사고가 없이 지나가는 날은 없지만 절반의 성공을 한 셈이다. 사람 냄새나는 따뜻한 듀자미 커뮤니티가 형성되어가고 있는 것 같아서 하루하루가 뿌듯했다.

작은 부엌

어릴 때는 부엌에서 노는 게 좋았다.

엄마가 무언가를 만들고 계시면 옆에서 참견하며 조잘거리다가 잔심부름을 하기도 했다.

결혼하니까 내 부엌이 생기는 게 좋았다. 어린 시절, 항상 같은 방을 쓰던 언니가 수학여행이라도 가게 되어 혼자 방을 차지했을 때의 기분처럼 온전한 내 공간이라는 만족감 때문일까.

식탁을 책상삼아 한편에는 작은 책꽂이를 만들어 요리책을 꽂았다. 레시피를 기록하기 위해서 블로그도 시작했다. 블로그 이름은 '마리의 작은 부엌 la petite cuisine de Mari'. 나의 영문 이름인 '마리'와 어릴 적 엄마의 공간에서 느낀 것처럼 아늑하고 포근한 느낌을 주는 '작은 부엌'을 붙여 보았다. 그곳에서 만들고, 글을 쓰고, 사진도 찍으며 조금씩 꿈을 키워온 '작은 부엌'은 나에게 큰 의미가 되었다.

듀자미의 작업실 또한 같은 의미다. 그때보다는 조금 더 커진 꿈이 있는 나의 작은 작업실. '빨리 만들고 일찍 집에 와야지' 하고 생각했다가도 작업실에만 나가면 피곤함도 잊은 채 이것저것 만들어 보느라 시간을 더 보내게 되었다. 그곳에서는 시간이 멈춘 듯 마음껏 상상의 나래를 펼칠 수 있어서인지도 모르겠다.

작업실은 케이크 수업도 같이 진행하기 때문에 학생들과 케이크를 만들면서 세상과 소통하는 공간이기도 하다. 어떤 학생은 여행 다녀온 이야기를 풀기도 하고, 요즘 유행하는 패션 트렌드를 말해 주거나, 최근 오픈한 빵집 이야기도 들려주었다. 친구나 지인이 놀러올 때도 홀에 있는 테이블에 편안히 앉아서 이야기하기보다는 작은 작업실 불편한 의자에 둘러앉아 이야기하는 게 좋았다.

"못 보던 접시인데, 언제 산 거야? 난 여기 접시가 몇 개인지도 다 알고 있어."

"저 동으로 만든 냄비들은 언제 봐도 탐나네. 없어지면 내가 가져간 줄 알라고."

"저 링 같은 건 어떤 케이크 만들 때 쓰는 거야?"

사람들은 작업실에만 들어오면 여기저기 둘러보며 신기해한다. 빵 굽는 냄새가 나기도 하고, 자주 보지 못하던 물건들이 많아서 그런가 보다. 좁은 공간에서 차를 마시고 오순도순 이야기도 나누면 시간가는 줄 모른다.

작업실 안이 훤히 들여다보이도록 유리로 문을 만들어 두었더니 재미있는 일이 벌어지곤 한다. 어느 날은 일을 하고 있는데, 어떤 꼬마아이가 뛰어 들어오더니 반죽을 만들고 있는 나에게 막무가내로 자기가 해 보겠다고 떼를 썼다. 따라 들어 온 아이 엄마가 말했다.

"죄송해요. 우리 아이가 워낙 부엌에서 노는 것을 좋아해서요."

"그럼 이 딸기를 네가 씻어볼래?"

마침 딸기케이크를 만들고 있던 중이라 일을 시켰더니 어찌나 열심히 씻던지.

아이뿐만 아니라, 어른들도 항상 오픈된 작업실 유리 너머로 케이크 만드는 모습을 호기심 어린 눈으로 쳐다 보았다. 정중히 부탁하는 남자 손님도 있었다.

"여기 앉아서 만드는 것을 잠시 봐도 될까요? 제가 먹은 케이크가 어떻게 만들어지는지 보니까 신기하네요."

사람들의 관심을 받는 작업실이 참 좋다. 식물도 자꾸 관심을 가지고 봐 주면 잘 자라듯 듀자미의 부엌도 사람들의 좋은 기운들을 받아 더 맛있고 따뜻한 케이크가 나오나 보다.

la petite cuisine de Mari

핫초콜릿

어린 시절 양철통에 든 코코아 파우더를 숟가락 가득 듬뿍 우유에 넣고 녹여서 마시던 기억이 있다.

외출한 엄마를 기다리며 나와 언니는 온종일 얼마 남지 않은 코코아를 긁어 야금 야금 마시다가 양철통의 바닥을 보면서 아쉬워했던 기억도 있다. 그 달콤한 음 료를 마시고 있으면 속이 따뜻해지고 기분까지 좋아졌다.

르 코르동 블루에서 공부하던 시절. 그때도 추운 겨울이었던 것 같다. 상급 제 과과정에서 핫초콜릿 만드는 법을 배웠다. 그날 아주 큰 냄비에 우리들이 다 마 시고도 남을 만큼의 핫초콜릿을 넉넉히 끓인 뒤 숭덩숭덩 썬 바게트와 함께 주 시던 셰프.

"이건 살 안 찌는 거야."

"정말이에요 셰프?"

모르는 척 능청을 떨던 우리들. 욕심쟁이처럼 한 접시 가득 받아 온 바게트 빵을 찍어먹던 그 핫초콜릿 맛은 잊을 수 없는 추억이다.

그런 기억 때문일까. 추운 겨울 코끝까지 빨개져서 작업실로 들어오는 수강생들 을 보면 어김없이 주고 싶은 음료가 핫초콜릿 (프랑스어로는 쇼콜라쇼 chocolat chaud 라고 한 다). 우리가 즐겨 마시던 추억 속의 코코아는 인스턴트 코코아 파우더를 탄 것이 지만 요즘은 진한 초콜릿을 즐기기 위해서 우유에 고형 초콜릿을 녹여 핫초콜릿 을 만든다. 인스턴트 코코아 파우더보다 더 담백하고 쌉싸래한 초콜릿 맛이 살 아있어 일품이다.

듀자미에서는 겨울날 연인들이 많이 주문하는 메뉴이기도 하다. 핫초콜릿 주문 이 늘면 본격적인 겨울이 시작되었음을 깨닫게 된다. 그와 더불어 초콜릿케이크 도 여름보다 더 판매가 잘 된다.

며칠 전에는 가끔 오시는 미국인 손님 두 분이 핫초콜릿과 초콜릿케이크를 주문 했다. 생각 같아서는 다른 것을 권하고 싶었지만 깨끗이 비워진 잔과 케이크 접 시를 보니 생각이 달라졌다.

'당신들이 진정 초콜릿을 즐기실 줄 아시는군요.'

마음까지 따뜻해지는 진한 핫초콜릿

※ 재료 | 1인분
우유 110g, 다크초콜릿 35g

※ 이렇게 만드세요

1. 냄비에 우유를 붓고 끓어 오르지 않을 정도로만 데워요. 바닥에 내린 뒤 다크초콜릿(버튼형태의 초콜릿이 잘 녹아요)을 넣어요.
2. 다시 불에 올리고 거품기로 저으면서 초콜릿을 녹여요. 잔에 담고 취향에 따라 술 한 방울이나 시나몬파우더, 코코아파우더를 솔솔 뿌려 주세요.

손님

writer 홍승현

"꼬마야, 그때 네가 여기서 오줌 싼 거 기억하니?"

꼬마는 부끄러움도 모르고 깔깔깔 웃었다. 지난 겨울이었다. 아이가 바지에 오줌을 싸서 난감해하고 있는 부부에게 담요를 갖다 주었다. 음료와 커피를 서빙하자마자 일어난 사고(?)였기 때문에 그냥 갈 수도 없었다. 아이를 데리고 다닐 때 흔히 일어나는 일이고, 부부도 간만의 외출을 한 것처럼 느껴져 집에 갈 때 담요를 그냥 가져가라고 했다.

"고마워요. 꼭 돌려 드릴게요."

며칠 뒤 소포로 담요를 보내왔다. 잊고 지냈는데, 다시 본 아이는 제법 많이 자란 것 같았다.

"그동안 남편 직장일로 미국에 가게 됐어요. 이번에 잠시 다니러 왔는데 듀자미가 생각이 나서 들렀어요. 가게가 더 예뻐졌네요."

좋은 기억으로 남아 다시 찾고픈 가게가 된다면 그것만으로 얼마나 즐거운 일인지.

한번은 야외테라스에 앉은 손님이 녹차 라테를 주문한 다음 친구를 기다리고 있었다. 친구가 와서 주문을 하려는 차에 실수로 음료를 쏟고 말았다. 테이블을 치우고 나서 녹차 라테를 다시 만들어 주었다. 다음날 다시 방문한 손님.

"생일 케이크 사러 왔어요. 어제는 남자친구 앞에서 옷이 젖어서 깜짝 놀랐어요. 경황이 없어서 인사도 못 드렸는데, 정말 고마웠어요."

베풀면 언제나 배로 사랑을 주니 세상은 아직도 따뜻한 마음을 가진 사람이 많은 것 같다.

가게에 들어오면 곳곳에 진열된 작은 소품들을 만지는 손님들이 있는데 그때마다 야박하게 '만지지 말라'고 말할 수 없어 난감할 때가 종종 있다. 어느 여자 손님은 선반에 진열해두었던 르 코르동 블루 기념품을 떨어뜨렸는데 깨지고 말았다.

"죄송해요. 변상하고 싶은데 얼마를 드리면 될까요?"

아내가 여행지에서 구입한 거라서 다시 살 수도 없었지만 괜찮다고 말할 수밖에 없었다. 이미 깨진 건 어쩔 수 없는 일이니 말이다.

그 손님은 꽤 오랜 시간 후에 프랑스인 남자친구와 함께 예쁜 접시를 하나 들고 듀자미를 찾았다.

"전에 깬 것과 똑같은 걸로 사려고 했는데 구하지 못했어요. 제가 파리에서 사온 접시예요. 받아 주세요."

생각지도 않은 일들이 부메랑이 되어서 날아오면 일상 속에서 작은 행복을 느끼게 된다. 마치 저금이라도 해 두는 기분이었다. 손님의 남자친구는 가끔씩 메뉴판의 오자를 지적해 주었다.

"여기 s가 빠졌어요! 이 표현은 조금 어색해요."

썰렁했던 듀자미는 어느 새 손님으로 가득 찬 카페가 되었다. 그 광경을 보는 일이 얼마나 즐거운지 모른다. 카페는 손님으로 가득 찰 때 가장 아름답게 보인다. 아무리 예쁜 장식품을 가져다 두어도, 아무리 맛있는 음식들로 채워 놓아도, 손님이 없으면 그저 썰렁한 콘크리트 조각에 불과하다. 온기가 있어야 카페는 생명을 얻는 게 아닐까.

"이 집 너무 맛있는데, 갈 때마다 손님이 너무 없어요. 어떻게 하죠? 없어지면 안 되는데."

오픈했을 때 인터넷으로 듀자미를 검색해보니 이런 글이 있었다.

듀자미는 그렇게 쉽게 없어지지 않을 테니 너무 걱정 마세요. 듀자미를 아껴주시는 여러분들이 있는 한!

사내들의 케이크 사랑

writer 홍승현

밤늦게 오토바이를 타고 오신 손님이 케이크를 두 판 주문하셨다.

"아내와 어머니에게 선물하려는데 어떤 케이크가 좋겠냐"고 물었다. 아내에게는 에스프레소 시럽과 이탈리아산 마스카르포네치즈가 부드럽게 조화를 이루는 티라미수타르트를, 어머님에게는 일본산 녹차를 넣어 만든 녹차 크림과 단팥이 들어간 말차케이크를 권해 드렸다. 아내를 위한 타르트는 내일, 어머님을 위한 타르트는 사흘 뒤 찾으러 오겠다고 했다.

가끔씩 들리는 손님이라 안면이 있었다. 항상 오토바이를 타고 단체로 방문하던 손님 중 한 분이었다. 가죽점퍼를 입은 그 손님들은 가게 앞에 오토바이를 줄지어 주차해 두고 테라스에서 담배를 피우며 커피를 드셨다. 터프한 사내들이 모두 케이크를 먹는 모습이 생경해서 훔쳐보곤 했다. 상상해 보라. 턱수염을 기른 거친 외모의 남자들이 부릉부릉 오토바이를 타고 와서 얌전히 앉아 케이크를 먹고 있는 모습을….

다음날 주문했던 케이크를 찾으러 온 손님은 오토바이를 탄 채였다.

"오토바이를 타고 오셨군요. 타르트가 흔들려서 망가질 텐데."

"괜찮아요. 조심해서 천천히 가면 돼요."

걱정이 되어 나가 보니 커다랗고 반짝반짝 빛나는 할리 데이비슨을 탄 덩치 큰 남자가 가슴에 소중하게 케이크를 안고 아주 천천히 오토바이를 움직여 가고 있

었다. 그 후에도 자주 와서 친구들과 케이크를 드신다. 이야기를 나누다 보니 직업은 의사로, 디저트를 무척 사랑하는 분이셨다.

듀자미에는 남자끼리 방문해 케이크를 주문하는 손님도 종종 찾아볼 수 있다. 우리는 그럴 때마다 신기하게 바라보곤 했다.

"와. 남자들끼리도 케이크를 먹는구나."

대학생으로 보이는 남자 손님은 쇼케이스를 바라보며 선뜻 결정을 못하기에 말을 걸었더니 스스로에게 케이크를 선물하러 왔다고 했다.

"지금 주문하면 내일 가져갈 수 있을까요? 생일날, 저에게 선물하고 싶어서요."

다음날 아침, 그 손님을 생각하며 어느 때보다도 정성껏 만든 포레누와케이크를 건네 드렸다. 예쁘게 포장한 마카롱과 함께. 환하게 웃는 그 모습을 보면서 덩달아 즐거워졌다.

텅 비었던 테이블이 하나 둘 손으로 채워지고, 테이블마다 케이크가 예쁜 자태를 뽐내며 놓여 있을 때, 손님들의 얼굴이 행복함으로 빛나고 있을 때! 마음속으로 말을 건넨다.

"맛있게 드세요!"

홍차이야기

writer 홍승현

푹푹 찌는 듯한 여름날, 한 아리따운 손님은 메뉴판을 살피더니 답답한 듯 말했다.

"아저씨, 복숭아 맛 나는 아이스티 몰라요?!"

"…."

대부분의 손님들은 나를 사장님이라고 부른다. '아저씨'라고 부르는 손님은 없었기에 충격 그 자체였다. 게다가 따지듯 던진 '복숭아맛' 나는 아이스티라는 말에 갑자기 멍해졌다. 홍차에 대해 관심이 없던 시절에는 나 역시 그랬다. 홍차는 '립톤'이라는 노란색 라벨이 붙은 티백이나 노란 통에 들어있는 레몬 맛, 복숭아 맛이 나는 가루 홍차밖에 몰랐다.

"아! 립톤 홍차 말씀이시군요. 저희 카페에는 그보다 더 맛있는 홍차가 많아요. 드셔 보면 더 맛있다고 하실 거예요."

티백이 아니라 잎을 직접 우려 만든 잎차만 있다고 설명을 드리고, 마리아쥬의 웨딩 임페리얼 아이스티를 추천했다. 잎을 따뜻한 물에 우린 뒤 얼음 몇 알로 급속 냉각시킨 다음 다시 새 얼음을 채워 완성하는 번거로운 방식이었지만 손님들한테 인기가 좋은 메뉴였다.

"아저씨, 처음 마셔 본 아이스티였지만 맛있었어요."

그날 이후 그녀는 올 때마다 항상 다양한 종류의 홍차를 마시곤 했다. 아마도 이제는 잎으로 우려 낸 홍차를 사랑하게 되었나 보다.

여자 손님들은 스트레이트 홍차보다 밀크티를 선호한다. 밀크티는 아무래도 달콤하게 마시는 것이 좋아서 연유를 함께 내는데 대부분의 손님은 듬뿍 넣곤 하신다. 하지만 뭐니 뭐니 해도 케이크와 잘 어울리는 홍차는 잎만 우려낸 담백한 스트레이트 티다. 케이크의 단맛을 깔끔하게 정리해 주어 차의 맛도 케이크의 맛도 더 깊어진다. 특히 마카롱과 홍차의 조화는 향과 식감까지 잘 어울리는 한 쌍이다.

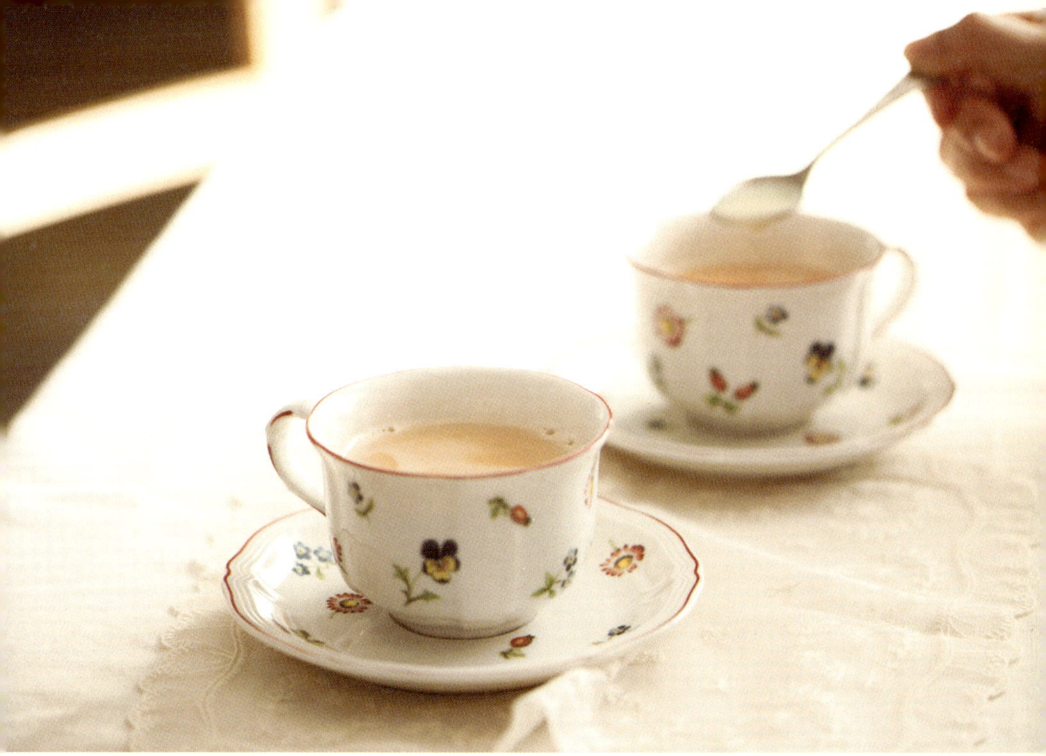

세상에서 제일 쉽고 맛있는 밀크티

1

2

3

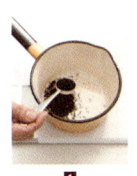

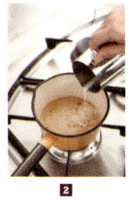

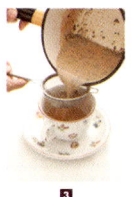

※ 재료 | 1인분

우유 130g, 끓인 물 30g, 홍차 4g, 연유(또는 꿀) 약간

※ 이렇게 만드세요

1. 물을 끓인 뒤 티포트에 홍차가 잠기도록 붓고 2분간 우려요.
2. 냄비에 우유를 담고 가장자리에만 거품이 생길 정도로 끓인 뒤 ①에 부어요.
3. ②를 그대로 마시거나 체에 걸러 취향에 따라 연유나 꿀을 넣어 먹어요. 얼그레이라면 꿀이 더 잘 어울려요.

Mari's tip 아쌈티는 다른 종류의 잎차보다 더 진하게 우려져 꿀보다는 연유가 잘 어울려요. 차를 빨리 진하게 우려내고 싶을 때는 CTC (cut, tear, curling : 차 잎이 빨리 우러날 수 있게 잘게 잘라서 잎을 말은 것)로 가공한 아쌈티가 좋습니다.

애프터눈 티 타임

writer 홍승현

"회사 그만두고 카페나 할까?"

요즘 카페 창업을 꿈꾸는 사람들이 많다. 하지만 흔히 말하는 것처럼 카페를 하는 것이 막연히 쉽고 유유자적한 일은 아니었다. 적어도 지금까지는! 남들 눈에는 여유로워 보이지만 하루 종일 크고 작은 일들이 끊이지 않는 게 카페다. 조금만 방심하면 화초는 시들어 버리고 오늘은 좀 한가하다 싶으면 갑자기 냉장고나 에어컨이 고장 나거나 일을 잘하고 있던 직원이 그만둔다고 했다.

바쁘게 돌아가는 일상들. 언제 사고가 터질지 몰라 긴장되는 순간의 연속이었다. 반복되는 생활 속에서도 우리만의 여유를 즐기고 싶었다. 작업실에 들어가기만 하면 제품을 만드느라 나올 줄 모르고 고생하는 아내와 어시스턴트를 위해 가끔 내가 준비하는 것이 있다.

일명 '애프터눈 티 세트'.

애프터눈 티 세트라고 하면 흔히 영화에서 보는 2단 트레이에 나오는 형형색색 디저트들과 홍차를 생각하겠지만(나도 아내가 말해주어서 알았다) 메뉴는 그야말로 바리스타인 나의 선택! 그날그날 직원들의 기분이나 기호에 따라 음료는 커피가 될 수도 있고, 밀크티나 홍차가 될 수도 있다. 가끔은 새롭게 시도해 보는 음료 레시피를 맛보면서 평가하는 시간이 되기도 한다. 디저트는 자르다가 실수로 모양을 망친 케이크나 모양이 털 예쁜 마카롱이 될 수도 있다. 한번은 레시피를 테스트하느라 계속 음료만 제공해서 모두들 도망가기도 했지만.

급한 일들을 다 처리한 오후에는 우리도 자리에 앉았다. 햇살을 즐기며 잠시 티 타임을 가지면서 직원들과 손님 이야기, 카페 이야기, 주변에서 일어난 이야기 들을 하다보면 일상의 피로가 풀리곤 했다. 티 타임을 내지 않으면 하루 종일 같은 공간에 있더라도 몇 마디 하기도 힘들다. 짧은 시간이지만 손님의 시각에서 카페를 바라볼 수 있어서 아내가 좋아하는 시간이기도 하다.

"여기 앉아서 카운터를 바라보니까 당신 얼굴이 너무 잘 보이는 걸. 피곤해도 표정관리를 더 해야겠어. 앉아보니 자리가 너무 딱딱해. 방석이나 쿠션을 만드는 건 어떨까? 여기서 커피를 마시니까 참 좋다. 내가 생각해도 참 예쁜 카페야."

느긋하게 서로를 바라보며 아내는 수다를 떨기도 한다.

아내가 좋아하는 또 다른 티 타임은 학생들과의 시간. 수업 중에 학생들이 만든 케이크 반죽을 오븐에 넣고 굽는 동안 차를 마시는 시간이다. 아내가 미리 구워 둔 예쁜 케이크와 차를 준비하면 서로 처음 보는 사이임에도 이야기꽃을 피우며 즐거워한다. 일상의 소소한 이야기들이 차와 함께 어우러지면 듀자미는 살롱 드 테 salon de the 처럼 사교장이 되어버린다.

그러고 보니 티 타임에서 가장 중요한 것은 무엇보다 티 타임을 함께 할 따뜻한 사람인 것 같다.

아포가토

나는 커피를 무척 사랑한다.

어릴 때 어른들이 마시던 커피에 대한 로망이 있어서였을까. 커피 마시기가 허용된 이후로는 마니아가 되었다. 믹스커피에서부터 원두커피, 진하디 진한 에스프레소까지 모두 좋아할 뿐만 아니라 커피우유, 커피사탕까지 조금이라도 커피가 들어간 것은 무엇이든 대환영이다.

대학에 들어가고 처음 카페에 갔을 때가 떠오른다. 처음 먹어 보는 커피 위에 아이스크림을 올린 비엔나커피가 참 신기했다. 아이스크림이 조금씩 녹으면서 우윳빛으로 변해가던 커피를 바라보는 것만으로도 행복했다.

세상의 모든 커피 중에 유독 사랑하는 것이 있다면 바로 아포가토 Affogato. 입에서 살살 녹는 맛있는 바닐라 아이스크림을 크게 1~2스쿱 떠서 예쁜 그릇에 담고, 그 위에 바로 추출한 진한 에스프레소를 끼얹어서 먹는 커피다. 진한 에스프레소와 차갑고 달콤한 아이스크림이 입속에서 퍼질 때는 너무 황홀했다. 차가운 아이스크림과 뜨거운 에스프레소의 만남이 주는 오묘한 조화라고나 할까.

비엔나커피보다 농도가 진해서 더 깊은 커피의 맛을 즐길 수 있다. 아포가토란 이탈리아어로 '끼얹다' '빠지다'는 뜻으로, 이탈리아 디저트인 티라미수는 아포가토와 궁합이 잘 맞는다.

티라미수 만드는 방법은 다음과 같다. 진한 에스프레소를 추출해서 시럽과 깔루아에 섞어 깊은 향을 내는 커피시럽을 만든다. 이 커피시럽을 시트 사이사이에 바른 뒤 마스카르포네치즈로 만든 무스를 올린다. 마지막에 코코아 파우더를 듬뿍 뿌려 완성!

한번은 베이킹 클래스에서 티라미수를 만든 적이 있었다. 시식 시간에 아포가토를 함께 드렸다.

"선생님! 이게 뭐예요? 너무 맛있어요. 처음 먹어보는 건데 뭐가 이리 맛있나요?"

"아포가토요? 이름이 어렵네요."

한 잔 더 만들어 드렸더니 뚝딱 해치운 학생. 수업 끝난 뒤에도 되묻더니 그날 밤 쪽지를 보내오셨다.

선생님 아포카토라고 하셨죠? 요즘 건망증이 심해서요.

신랑에게 말하니 처음 듣는 거라고 하네요.

주말에 같이 아포카토(?) 먹으러 갈게요.

아포가토만 보면 그분이 생각난다.

카페에서 일하다가 에너지가 떨어진다 싶으면 항상 커피를 마시고, 가끔 달콤한 것이 생각날 때는 어김없이 아포가토를 찾게 된다. 아이스크림은 애플파이와 서빙되거나, 빙수에 얹어내기 때문에 늘 냉장고에 있다.

필요할 때는 언제나 남편을 찾는다.

"남편! 아포가토!"

내가 만들어 먹을 수도 있지만, 남편이 만들어 주면 더 맛있으니까.

힘들고 지친 날엔 박카스 대신 아포가토!

Affogato
... espresso with vanilla icecream.

샌드위치

writer 홍승현

듀자미에서 샌드위치를 판매하던 짧은 시간 동안 가장 인기를 끌었던 메뉴는 구운 채소 샌드위치였다.

채식주의자가 아니어도 고기가 들어간 샌드위치보다 부담이 덜해서였는지, 젊은 여성이나 외국 여성들에게 인기 만점이었다. 채소가 주는 건강한 느낌이 있었기 때문인 것 같았다. 실제로 한번 먹으면 또 먹으러 올 수 밖에 없는 그런 맛이라고 할까. 채소마니아라면 적극적으로 추천하고 싶은 메뉴였다.

공들여 개발했던 샌드위치 판매를 중단하고 난 뒤, 샌드위치에 대한 안 좋은 추억(?) 때문에 한때 그렇게도 좋아하던 샌드위치를 외면하던 시절이 있었다. 하지만 드라마 〈제빵왕 김탁구〉를 재미있게 보던 아내가 말했다.

"우리도 샌드위치와 화해를 해야 할 것 같아."

아내의 말에 따라서 어느 날 성스러운(?) 화해 의식을 가지기로 했다. 그토록 질리도록 많이 구워대던 치아바타는 가로수길에서 유명한 빵집에서 사오고, 낡은 레시피 공책을 뒤적여 소스를 만들었다. 치즈가 주는 깊은 맛과 채소가 어우러져서 독특한 매력을 주었다. 먹어 본 사람마다 "이건 무슨 소스예요?"라고 물으면, 절대 알려주지 않던 그 소스.

성스러운 화해식 이후 우리는 가끔 카페에서 샌드위치를 만들어 먹는다. 그러다가 단골손님이 들어오시면 같이 먹기도 한다. 음식을 나눈다는 것은 항상 즐겁다. 그것도 기대하지 않았던 음식을 나누는 것은 더 즐거운 것인지, 뜻밖에도 샌드위치를 먹게 되는 손님은 우리와 더 친해지는 것 같다.

그때마다 항상 듣는 질문.

"소스 레시피 좀 알려줘요."

"며느리한테도 안 가르쳐주는 거예요."

오래된 농담을 하는 것도 재미있다.

시크릿 레시피! 구운 채소 샌드위치

① ② ③ ④ ⑤ ⑥

❋ 재료 | 2인분

치아바타 2개, 고다치즈 63g, 가지·호박·새송이버섯(슬라이스한 것) 6개씩, 양파 1/4개, 토마토(슬라이스한 것) 4개,
겨자잎·로메인 2장씩, 소금·후춧가루·올리브유 약간씩
[소스] 마요네즈 4큰술, 그라나파다노 치즈(갈은 것) 3큰술, 바질가루·소금·후춧가루 약간씩

❋ 이렇게 만드세요

① 치아바타빵은 반으로 잘라 주세요.
② 마요네즈와 그라나파다노 치즈, 바질가루, 소금, 후춧가루를 섞어 소스를 완성해요.
③ 양파는 얇게 썰어서 중간 불에서 연갈색이 날 때까지 볶아요.
④ 가지, 호박은 소금, 후춧가루를 뿌려 놓아요. 물기가 송골송골 솟아나면. 기름을 약간만 묻혀서 살짝 굽고
　　 새송이버섯도 올리브유를 약간만 두르고 같이 구워요.
⑤ 빵에 준비된 소스를 발라요.
⑥ 겨자잎, 로메인, 토마토를 잘라 넣은 뒤 구운 채소와 슬라이스 한 고다 치즈로 속을 채워요.

 Mari's tip 　그라나파다노 치즈는 그레이터에 갈아서 파스타나 그라탕에 뿌려 먹어요. 향이 강해서 음식에 조금만 넣어도 진한 풍미를
느낄 수 있고 채소 샐러드 위에 솔솔 뿌려도 맛있어요.

케이크와 떡볶이

하루 종일 단내를 맡으며 케이크를 만들다 보면 간절해지는 것이 있다.

바로 매콤한 떡볶이. 혀 끝이 얼얼해지도록 매울수록 더 좋은 것! 르 코르동 블루에서 제과를 공부할 때 오전 내내 오븐에서 나오는 갖은 재료들의 냄새가 혼합되면 정신이 아찔해지곤 했다. 아침 일찍 학교에 오느라 바빠 서두르기 때문에 피곤하고 수업 내내 긴장한 탓도 있겠지만 수업 후 달콤한 케이크를 시식하고 나면 입맛이 뚝 떨어지고 기력도 없어졌다. 아무것도 먹고 싶지 않을 때마다 항상 같은 반 친구들과 떡볶이를 먹었다. 수업 끝난 뒤 커피 한 잔을 마시며 떡볶이가 배달되기만을 기다리던 즐거운 순간.

달달한 케이크를 먹고 나면 항상 매콤한 무언가가 당기니 떡볶이와 케이크는 환상의 궁합이라고 할 수 있지 않을까? 디저트 카페를 오픈한다고 하니 실제로 같은 반 친구가 말했다.

"언니! 떡볶이도 같이 팔아요!"

참 기발한 발상이었다. 어쩌면 그런 카페가 언제인가 생겨날 지도 모른다. 나도 그 오묘한 조합의 메뉴를 생각은 해 봤으니까. 예쁜 케이크와 커피, 그리고 작은 접시에 입가심용으로 떡볶이 몇 가닥 말이다. 케이크를 메인 메뉴로 선택하고 떡볶이는 디저트로 서빙하면 어떨까? 요즘도 작업실에서 케이크를 굽다가 가장 많이 주문해 먹는 것이 떡볶이다. 이상하게도 근처의 떡볶이는 맛이 일정하지 않은데다가, 딱히 '이거야' 하는 맛을 자랑하는 가게를 발견하지도 못했기 때문에

가끔 직원들과 함께 만들어 먹는다.

하지만 특별히 조심할 것이 있다. 민감하신 사장님이 냄새라도 맡게 되면 불호령이 떨어지기 때문이다. 사장님의 출타(?) 중에 재빨리 만들어 먹고 어떤 냄새와 흔적도 남기지 말아야 한다는 것!

달콤한 케이크와 환상 궁합! 매운 떡볶이

✲ 재료 | 2인분
떡 300g, 고추장 · 설탕 3큰술씩, 고춧가루 1큰술, 대파 1/3대, 멸치다시마 국물 2컵

✲ 이렇게 만드세요
1 멸치, 다시마를 끓여 국물을 준비해요.(이 과정은 냄새가 심하게 나므로 집에서 만든 국물을 가져가서 사용한다.)
2 그릇에 떡이 잠길 정도로 국물을 자작하게 넣고 고추장, 설탕, 고춧가루를 넣고 끓이다 큼직하게
    어슷 썬 대파를 넣어요.
3 ②에 떡을 넣고 국물이 졸아 들 때까지 끓여요.
4 기호에 따라 오뎅을 넣어 먹어도 좋고, 튀김을 곁들여도 좋아요.

가끔은 단호박수프

듀자미의 첫 겨울, 가장 인기를 끌었던 품목은 케이크나 샌드위치가 아니었다.

바로 몸과 마음을 녹여주는 따뜻한 수프 종류였다. 처음 우리가 준비했던 것은 양송이, 브로콜리치즈, 단호박수프였는데, 주력 메뉴를 결정하지 못해 손님의 반응을 살피기로 했다. 그 중 가장 인기가 있었던 것은 단호박수프. 날이 추울 때는 더 잘 팔렸다. 손님들은 가게 밖에 세워 둔 작은 칠판에 쓰여 있는 문구를 보고 문을 열었다.

오늘의 수프는 단호박수프

수프만 단품으로 주문할 때는 치아바타를 쓱쓱 썰어 함께 냈는데 반응이 참 좋았다. 담백한 치아바타를 노란 단호박수프에 풍덩 적셔서 먹는 그 맛. 쳐다만 봐도 침이 고이는 장면이었다. 단골손님 중에 5살 쯤 되어 보이는 어린 아이와 오시는 분이 있었는데, 그 아이가 빵을 어찌나 잘 먹던지 우리까지 배가 부를 정도였다. 가는 길에 치아바타를 싸 주니 무척 좋아했다.

그 후로 손님은 종종 친구와 듀자미를 찾았는데, 가게 앞에 유모차를 조르르 세워두고 점심을 먹곤 했다. 손님들이 가고 나면 정신이 하나도 없었지만, 빵을 잘 먹는 귀여운 어린 아이들을 보면 언제나 기분이 좋아졌다.

샌드위치 판매를 중단한 후 수프도 더 이상 판매하지 않지만 가끔씩은 직원들과 먹기 위해 끓이기도 한다. 생각난 김에 내일은 단호박수프를 끓여야겠다.

마음까지 녹여주는 단호박수프

❋ 재료 | 2인분

단호박 400g, 양파 90g, 생크림 · 우유 1컵씩, 채소육수 1/2컵 (또는 치킨 스톡 1개),
버터 3큰술, 밀가루 2큰술, 월계수잎 약간

❋ 이렇게 만드세요

1. 단호박은 반으로 잘라 숟가락으로 씨를 뺀 뒤 냄비에 물을 붓고 삶아 껍질을 벗겨요. 냄비에 버터를 넣고 얇게 채 썬 양파를 색이 투명해질 때까지 볶아요.

2. 익힌 단호박을 잘라 넣고 밀가루를 넣은 뒤 밀가루가 보이지 않을 때까지 볶아요.

3. ②에 채소육수를 넣고 끓여요.

4. ③의 재료가 익으면 블렌더로 갈아 주세요.

5. 생크림, 우유, 월계수잎을 넣고 15분간 끓여요. 끓인 뒤 블렌더로 갈아 주면 부드러워요.

카모메 식당처럼, 시나몬롤

"만약 내일 지구가 멸망한다면 뭘 할 거예요?"

"그럼 지금 있는 재료들을 모두 다 꺼내서 만들 수 있는 건 다 만든 다음에 좋아하는 사람들을 초대해
서 지구가 망하는 그 시간까지 깔깔거리며 맛있는 걸 먹을 거예요."

"그럼 저도 그때 꼭 초대해 주세요." – 영화 〈카모메 식당〉 중 미도리와 사치에의 대화

어쩌면 우리 가게에 오는 손님들도 영화 〈카모메 식당〉에 모여든 사람들이 음식
을 즐겼듯이 세상 마지막 날까지도 디저트를 즐길 수 있는 여유를 가진 사람들
이었으면 좋겠다는 생각을 했다. 음식 영화를 좋아해서 재미있게 봤지만, 다시
이 영화를 보니 기분이 새로웠다. 손님들이 밖에서 보고만 가는 상황들, 기웃거
리다가 결국엔 들어오는 손님들, 첫 손님이야기….

'어쩌면 저렇게 우리 가게의 상황과 똑같을까?'

손님이 없어서 조바심을 내고 있을 때 다시 본 카모메 식당은 영화 속 주인공처
럼 '나도 여유를 가지고 카페를 운영하면 좋을 텐데' 하는 용기를 주었다. 손님
이 없어도 씩씩하게 팔을 걷어붙이며 "자, 그럼 오늘도 맛있는 걸 만들어볼까?"
라고 말하던 주인공의 모습을 보니 새로웠다. 느긋하게 손님을 기다리다 보면
언젠가는 북적이는 가게가 될 수 있으리라는 희망을 갖자고 내 자신에게 주문
을 외웠다.

영화 중 인상 깊었던 것은 가게 앞을 서성이며 기웃
거리기만 하던 할머니 세 분을 드디어 가게로 들어오
게 한 힘. 시나몬롤의 향긋한 냄새. 카모메 식당에서
사치에가 만드는 먹음직스런 시나몬롤을 보고 있으
면 저절로 행복해진다.

지금은 발효빵을 만들지 않지만, 언제인가 내가 제일
좋아하는 시나몬롤이나 크루아상 같은 빵을 만들어
서 지나가는 사람들의 발길을 잡고 싶다는 생각도 해
본다. 정말 그냥 지나칠 수 없게 만드는 시나몬 향.
세상에서 가장 맛있는 시나몬롤! 그래서 가끔 손님이
없을 땐 돌돌 말아보기도 한다. 그러다 보면 손님이
들어오고 서비스로 시나몬롤을 드리면 얼마나 좋아
하시는지. 그럴 때는 혼잣말을 한다.

"사치에상, 고마워요!"

고마운 시나몬롤

❋ 재료 | 6개분
강력분 300g, 우유(실온에 둔 것) 160~180g, 버터(실온에 둔 것) 50g, 설탕 30g, 달걀 27g, 생이스트 12g
[필링] 흑설탕 45~40g, 버터(녹인 것) 40g, 시나몬파우더 2작은술

❋ 이렇게 만드세요
1. 볼에 체 친 강력분, 우유, 설탕, 달걀, 생이스트를 넣고 섞어요. 날가루가 보이지 않게 잘 섞은 뒤 버터를 넣어요. 매끈하고 동그랗게 만들어서 볼에 담고 랩으로 씌워요. 반죽이 2배로 부풀 때까지 1시간 정도 1차 발효를 시킵니다.
2. 2배로 부풀었다 싶으면 주먹으로 지긋이 누르거나 손바닥으로 쳐 가스를 빼고 20분 정도 중간 발효를 시켜주세요. 중간 발효가 끝난 반죽은 밀대로 사각형 모양으로 밀어요.
3. 밀어놓은 반죽 위에 녹인 버터 20g을 바른 뒤 시나몬 파우더와 흑설탕을 골고루 올려요.
4. 반죽을 돌돌 말다가 버터를 바르지 않은 끝부분에 살짝 물을 발라서 반죽이 풀어지지 않게 잘 여며줘요.
5. 실을 이용해서 사다리 모양으로 잘라줘요.
6. 자른 반죽은 하나씩 가운데를 손가락이나 막대기로 눌러 모양을 내준 뒤, 40분 정도 2차 발효해요.
7. 달걀물을 바른 뒤 180℃로 예열된 오븐에서 15분 정도 구워 주세요.

아웅다웅

"그 분이 오셨다."

이젠 멀리서도 알아 볼 수 있는 그 분. 훤칠한 키에 훈훈한 얼굴의 손님은 항상 성큼성큼 바쁜 듯 걸어 들어와 쇼케이스 앞에 섰다. 잠시 망설이다 케이크 한쪽 을 시키면 남편은 말했다.

"우유랑 함께 드릴까요?"

우리가 '이제 오실 때쯤 됐는데'라고 생각하면 어김없이 나타나서 혼자 케이크를 드시고 가시는 단골이다. 처음에 오셨을 때 메뉴판에도 없는 우유를 주문했다. 마치 흡입하듯 케이크를 맛있게 먹고 홀연히 사라져 듀자미 가족들의 궁금증을 유발시켰던 그 분. 처음에는 혼자서 케이크만 먹고 가는 것을 보고 스파이라고 생각했다. '스파이'란 동종업계에서 현직으로 일하는 사람들을 일컫는 말. 가게 가 입소문이 타기 시작하니 스파이가 꽤 많았다.

어느 날은 한참 수학 문제를 풀다 가셨다. 우리들의 궁금증은 더욱 증폭될 수밖 에 없었다.

"수학 선생님인가?"

"왠지 안 어울려."

그가 수학선생님이건 어떤 직업을 가졌건 간에 혼자 케이크를 즐기는 모습이 참 보기 좋았다. 혹시 부담을 느낄까 봐 질문을 하거나 아는 척은 하지 않았다. 서 로에게 건네는 눈인사만으로도 우리들은 충분하다. 어찌되었던 충분히 반갑고 기다려지는 손님이다. 남편은 그분이 오시면 슬쩍 마카롱 몇 개를 더 가져다주 기도 한다.

바쁜 주말의 묘미는 뭐니뭐니해도 선이나 미팅을 하고 바로 오신 분들. 모두 말끔하게 차려입은 옷차림에서 벌써 티가 난다. 분위기도 사뭇 다르다. 서로 보기만 해도 쑥스러워 하는 그분들의 공통점은 마지막 한 조각은 남긴다는 점. 서로 먹으라고 남겨 두다가 못 먹고 가는 것 같다. 테이블 정리할 때마다 귀엽게 남겨진 조각이 재미있다.

어느 날은 밤늦게 트레이닝복 차림의 남자가 여자 친구에게 줄 케이크라며 티라미수타르트를 주문하고 갔다. 다음날 그 손님은 전날과는 180° 다른 모습이었다. 말끔하게 차려입고 손에는 예쁜 꽃다발을 들고 있었다. 그분의 얼굴에서 설렘을 읽을 수 있었다. '내가 만든 케이크가 그녀의 마음을 사로잡는데 조금이나마 도움이 되었으면 좋겠다'는 작은 바람이 생기는 순간이었다.

일본 손님들도 자주 오는데 한국 손님들과는 주문 방식이 사뭇 다르다. 2~3가지 케이크를 시켜 함께 맛보는 우리나라 손님들과 달리 그분들은 각자 한 조각씩 시키고 절대 나눠먹지 않는다. 모두 똑같은 케이크를 주문하는 것을 보면 '우리와 참 다르구나' 하는 생각을 하게 된다. 항상 상냥하게 "맛있게 먹었다"는 인사를 남기고 가는 것도 인상적이다. 어떤 일본 부인은 자신도 르 코르동 블루를 졸업했다며 말을 건넸다.

"르 코르동 블루에서 배운 것과 비슷한 케이크들을 한국에서 보니 반가워요."

가장 재미있는 손님은 마감 직전 술 한 잔 걸치고 케이크 사러 오시는 손님이다. 그분들의 특징은 들어오면서부터 큰 소리로 묻는다는 것.

"홀케이크 남았나요?"

아내의 생일이나 기념일 케이크를 잊은 것으로 추측된다. 제과점은 모두 문을 닫은 시간이라 기쁜 마음에 들어오지만 남은 케이크가 없을 때는 얼마나 실망하는지 모른다. 그럴 때는 조각 케이크를 이어서 1판을 만들어 주면 무척 좋아하신다.

하지만 동전도 양면이 있듯이 항상 좋은 손님과 즐거운 손님만 있는 게 아니다. 한번은 6명의 손님들이 한꺼번에 왔다. 모두 다른 종류의 샌드위치를 주문한 다음 서빙이 되자 사진 촬영을 하고 바로 포크로 속을 분해해서 또 사진을 찍었다. 각자 한입씩만 먹어보더니 큰소리로 떠들며 분석을 했다.

"소스에 마요네즈가 들어갔네."

"머스터드 소스랑 무얼 섞은 거지?"

분석이 끝났는지, 우르르 자리에서 일어나서 계산을 하고 나갔다. 테이블은 한입만 먹고 남긴 샌드위치와 포크, 마구 던져버린 냅킨으로 엉망이 되어 있었다. 기분이 언짢았다. 물론 맛이 없어서 남겼다면 할 말이 없는 것이지만, 보란 듯이 예의 없이 큰 소리로 샌드위치를 분석하고, 남긴 모습을 보니 팔지 않았으면 좋겠다는 생각까지 들었다.

어떤 손님은 4인석에 앉았다. 친구가 올 거라면서 옆자리를 가방과 옷으로 맡아두었다. 그 사이 여러 손님이 들어왔다 자리가 없어 돌아가기를 반복했는데 친구는 오지 않았다. 1시간이 지났다.

"손님. 친구 분은 언제쯤 오시나요?"

"올 수도 있고 안 올 수도 있는 건데 왜 신경을 쓰세요?"

"다른 손님들이 못 드시고 돌아가니 자리를 양보하셔야겠어요."

"친구가 올 건데 빡빡하게 그것도 못 기다리세요!"

화를 내며 자리에서 일어나더니 커피 값은 못 내겠다고 했다. 정말 화가 났다. 도서실에서도 친구 자리를 맡아두는 사람이 제일 얄미웠는데 카페에서도 그런 일이 생길 줄이야. 케이크를 먹고 싶어서 일부러 온 손님들을 돌려보낸 게 화가 났다. 하지만 그런 날일수록 좋은 손님이 우리에게 힘을 불어넣어 준다. 나이 지긋하신 어느 노신사는 부인과 아들을 대동해 케이크를 드시고는 인사를 건네셨다.

"나도 케이크 만드는 사람인데, 맛있게 먹고 가요. 카페가 참 예쁘군요. 반가웠어요."

가방을 얹어 두라고 작은 의자를 내주었더니 웃으며 깍듯한 인사를 건네는 손님도 있었다. 가끔씩 "제발 그러지 마세요!" 라고 말하고 싶은 순간도 있지만 그래도 대부분은 즐거운 손님들이라 듀자미에서의 하루가 힘들지만은 않다.

블로그 친구

혼자 하는 건 재미가 없다.

누군가가 옆에서 공감해 주고, 때로 잘 한다고 칭찬까지 해 준다면 아무리 힘든 일도 춤추며 할 수 있다.

작년에 본 영화 〈줄리 앤 줄리아〉는 내게 깊은 인상을 주었다. 일상에 지쳐 무의미한 나날을 보내던 평범한 직장인 줄리가 자신의 삶에 의미를 찾기 위해 유명한 요리사 줄리아의 책을 보고 365일 동안 524개의 요리를 만들어 블로그에 올린다. 댓글이 하나씩 달리면서 유명해 지고 마침내 요리를 통해 자아와 행복을 찾게 된다는 내용. 만일 줄리가 블로그에 올리지 않고 혼자 요리를 해 보는 것으로 그쳤다면 어땠을까? 아마도 작심삼일이 되었을지 모른다. '기록' 이란 것이 얼마나 소중한 것인지 새삼 깨닫게 되었다.

나 또한 그랬다. 처음 베이킹을 시작했을 때 만든 것들을 기록해 두고 싶었다. 주변에 같은 취미를 가진 친구들이 없었기 때문에 블로그를 시작하면서 케이크를 보고 공감하고 소통하는 친구가 있었으면 했다.

블로그를 통해 사귀게 된 친구들은 재주가 많았다. 아기자기한 케이크를 만들던 친구 m은 현재 베이킹 스튜디오를 운영하고 있고, 홈 베이커로 시작해서 르 코르동 블루를 졸업했다는 점이 나와 같았다. 재치 있는 글과 아기자기한 케이크

가 특징인 그녀는 얼마 전 요리책을 출간하기도 했다. 프랑스에 사는 친구 b 역시
집에서 케이크 만드는 것을 좋아했다. 블로그에 논문을 쓰듯 자세히 글을 올리는
그녀는 열의가 대단하다. 한번은 그녀가 프랑스 홍차와 깨알 같은 편지를 소포로
보내왔다. 이메일이나 문자가 가득한 세상에 단지 블로그에서 인연을 맺은 것만
으로 이렇게 직접 쓴 편지를 받는다는 것은 정말 즐거운 일이 아닐 수 없었다.

블로그에서 만나 오프라인에서의 만남을 가졌던 a양은 취미로 베이킹을 하다가
지금은 파리 르 코르동 블루에서 제과과정을 공부하고 있다. 비가 내리던 파리의
어느 날 저녁, 그녀와 카페에 앉아 밤새도록 수다를 떨던 기억도 있다. 그 외에도
서로의 블로그를 오가며 정보를 교환하는 많은 블로그 이웃들. 우리는 서로에게
영감을 주고, 때로는 소소한 일상의 즐거움을 나누기도 한다.

베이킹 초창기에 블로그에 올린 케이크를 보면 그때의 기억이 떠올라 지금도 웃
게 된다. 댓글 하나 달리지 않아 썰렁함 그 자체였던 블로그에 끊임 없이 케이크
를 만들어 포스팅했던 것을 생각하면 스스로가 대견하기도 하다. 오늘도 케이크
를 만들던 밀가루 묻은 손으로 카메라를 든다. 귀찮기도 하지만, 소중한 즐거움
이 될 이 순간을 케이크 굽는 친구들과 함께 나누기 위해서 말이다.

케이크 굽는 여자들

블로그에 첫 수업 공지를 띄우고 신청 메일이 오기를 기다리던 날의 떨림은 지금도 잊을 수가 없다.

블로그를 찾는 방문자는 많았지만, 정작 수업을 듣기 원하는 사람이 있을지는 의문이었다.

첫 수업은 친구와 함께 신청한 분, 프랑스와 요리를 좋아한다는 공통점을 갖고 있던 분, 홈베이킹이 취미인 주부까지 총 4명이었다. 두근두근 떨리는 마음으로 수업에 사용할 재료를 계량하고 미리 빠진 것이 없도록 준비해 두었다. 머릿속으로 리허설까지 마치니 학생들이 도착했다. 추운 겨울이어서 웰컴 티로 따뜻한 홍차를 마시고 수업을 시작했다. 크리스마스 시즌이었으므로 초콜릿 롤케이크를 만들었다. 먼저 각자 반죽을 만들 수 있게 도와주고 초콜릿 시트를 구운 뒤 식힐 동안 샌드할 크림을 만들었다. 볼에 소량의 크림치즈와 설탕을 넣고 핸드믹서로 섞고 생크림을 넣어 단단한 크림상태로 만들었다. 그러는 동안 식은 시트 위에 하얀 치즈 생크림을 바르고 돌돌 말기 시작했다.

"옆구리가 터졌어요!"

"예쁘게 잘 안 말려요!"

"크림이 삐져나왔어요. 어떡하죠?"

고난이도의 작업인지라 학생들이 난리가 났다. 자를 이용해서 모양을 잡아주니 모두들 흡족한 모양이었다. 냉장고에서 케이크를 잠시 굳히는 동안 테이블에 둘러앉아 도란도란 이야기를 나누었다. 미리 만들어둔 롤케이크와 진한 커피도 마

셨다. 초콜릿 롤케이크가 입안에서 사르르 녹았다.

작업하고 난 뒤에 먹는 케이크와 커피는 얼마나 맛이 있는지 모른다. 다들 커피를 후루룩 다 마시고 리필도 신청했다. 행복한 학생들의 표정을 보고 남편도 덩달아 신이 나서 계속 에스프레소를 추출했다. 맛있는 시식 시간을 마친 뒤, 다시 작업실로 돌아가 다크초콜릿을 녹여 겉면에 바를 초콜릿 크림을 만들었다. 스패튤라로 모양을 마무리 하고, 예쁘게 장식을 한 다음 근사한 포장으로 완성했다. 직접 만든 케이크 사진을 찍는 즐거운 시간. 집에 가서 자랑할 생각에, 남자친구와 함께 먹을 생각에 들떠있는 아이 같은 모습들….

케이크 덕분에 하루 종일 기분이 너무 좋았어요.

직접 만든 케이크 상자를 들고 다니는 것만으로도 행복했어요.

집에 돌아오자마자 기억이 사라질까 봐 새로 만들어 동네사람들과 함께 나눠 먹었어요.

다들 당분간 목에 힘 좀 주고 다닐 거라고 했다. 수업 뒤에 들려오는 그런 행복한 소식들 덕분에 더욱 즐거워지는 베이킹 클래스였다.

케이크를 만드는 여자들은 다 예쁘다. 모두들 열중해서 자신의 케이크를 만들고 있으면 너무 사랑스러워서 한번 본 사람도 정이 간다.

클래스의 행복 전파기능은 말로 설명할 수 없는 것 같다. 내가 수강생들에게 행복을 주고, 수강생들은 또 주변 사람들에게 행복을 선사할 수 있으니 말이다.

특별한 밤의 베이킹 클래스

듀자미를 오픈하고 얼마 지나지 않았을 때였다.

아침 일찍 작업실에서 케이크를 굽다가 잠시 블로그를 확인했더니 흥미로운 쪽지가 와 있었다.

안녕하세요? 블로그 보고 수업 문의 드려요. 친구의 생일을 맞이해서 케이크를 함께 만드는 이벤트를 선물하고 싶어요. 친구가 항공사 승무원이라서 오랫동안 만나지 못했거든요. 어떤 이벤트를 해 줄까 생각하다 마리님의 블로그를 보고 케이크를 만들자고 제안하니 다른 친구들도 좋대요. 지금 모두 '치즈케이크가 어떨까?' '초콜릿브라우니가 좋을 것 같아' 하고 난리가 났어요. 생일인 친구에게는 비밀로 하려고요. 금요일 밤에 우리들만의 클래스가 가능하다면 연락 주세요. 그럼 쪽지 기다리고 있겠습니다.

그날은 수요일 오전이었고, 마침 금요일에는 클래스가 없어서 선뜻 수업을 할 수 있다는 쪽지를 보냈다. 광고 일을 하는 남자와 의류 사업을 하는 친구, 인테리어 사무실에서 일한다는 친구, 주인공인 승무원 친구. 이렇게 모여 유쾌한 에너지를 듀자미에 마구 발산하던 밤이었다.

베이킹이 처음인 친구도 쉽게 만들 수 있는 뉴욕스타일 치즈케이크를 만들기로 했다. 청일점이던 남자 분이 말했다.

"선생님 동영상을 찍어도 되겠습니까?"

"저만 안 나오게 찍으면 돼요."

나이가 들면서 사진을 찍는다는 것이 좀 부담스러웠다.

수업을 하는 동안 카메라를 향해 믹싱볼을 보여주는 제스처를 취하기도 하고,

Special Baking Class

반죽을 틀에 부으며 'V' 포즈도 잡았다. 조그마한 일에도 즐거워하며 하하 호호 즐거워하는 그들을 보며 덩달아 행복해졌다.

"니 반죽은 이상해!"

"아냐. 내 케이크가 제일 맛있을 거야."

"우리 내기할까? 누가 만든 케이크가 제일 예쁘게 나올지?"

20대 후반이라지만 마치 초등학교 동창으로 돌아간 듯했다. 친구들은 케이크가 오븐에서 구워지는 동안 테이블에 둘러앉아 친구에게 생일 선물과 꽃다발을 주며 쉴 새 없이 이야기를 주고 받았다. 한겨울이었지만 케이크 만드는 동안 땀을 흘려 아이스커피를 달라고 했던 그들. 만든 케이크가 오븐에서 나오자 환호성을 질렀다.

"내가 처음 만든 케이크야!"

마지막으로 구워진 케이크 위에 슈가파우더로 데코를 하고 미리 구워둔 쿠키를 꽂아서 장식했다. 서로 사진을 찍어주는 시간도 가졌다. 오랫동안 만나지 못했던 친구들이 한자리에 모여서 왁자지껄하던 금요일 밤의 클래스는 그렇게 끝이 났다. 정말 보기 좋은 우정이었다.

수업이 끝나고 집으로 돌아가면서 친구들을 떠올렸다. 카페를 오픈하면 클래스에 참여하고 싶다고 했는데 바빠서 통 연락한 적이 없었다. 그동안 소홀해진 친구들에게 전화라도 해야겠다.

무조건적 추종자들

듀자미에는 정기적으로 베이킹 클래스가 열린다.

손님들과 만드는 즐거움도 나누고 싶어서 시작한 일이었다. 한번 수업을 들으러 온 학생들은 각자의 요구 사항을 늘어놓곤 했다.

"다음에는 뉴욕스타일 치즈케이크도 만들고 싶어요."

"저는 여러 가지 타르트를 배우고 싶어요."

"요즘 카페 일이 너무 바빠서 클래스 많이 못해요."

가끔은 거절하면서 다른 곳을 추천해도 선물 공세를 퍼부으며 말했다.

"다른 곳은 싫어요. 선생님이 시간 나실 때까지 기다릴 거예요."

가장 고마운 학생들은 대전, 서산, 천안에서 새벽차를 타고 오전 10시 30분 수업에 맞춰 오는 분들이다. '내가 무엇이기에 그렇게 멀리서 수업을 들으러 오실까' 하는 마음에 더없이 고마워지고, 하나라도 더 가르쳐 주고 싶은 마음이 생긴다. 서산에서 오는 정아 씨에게 손수 바느질한 예쁜 행주를 선물받았는데, 아까워서 아직 쓰지 못하고 있다. 손수 만든 육포도 받았는데 집에서 너무나 인기가 있어 왠지 내가 만든 것처럼 어깨가 으쓱해졌다.

클래스에서 만난 친구들은 행복전도사다. 처음 카페를 시작했을 때 무리한 탓인지 빈혈이 생겨서 수업을 연기한 적이 있다. 다음 수업에 홍삼정과를 만들어 와서 힘내라고 했던 혜연 씨. 내 취향을 단번에 알아보고 좋아하는 캐릭터가 그려

진 새해 달력을 미리 선물해 주어 감동을 받았다. 여행에서 돌아올 때마다 작은 선물을 내미는 민영 씨도 있다.

뿐만 아니다. 내 케이크 한 조각에 힘을 얻는다는 소희 씨. 평소에 만들기 힘든 반찬들을 조금씩 가져다 주는 혜정 씨.

"어젯밤 술 마셨는데 오늘 선생님 드리고 싶어서 만들었어요."

한 땀 한 땀 바느질한 컵 받침 3개를 수줍게 내밀던 유진 씨를 생각하면 절로 웃음이 난다.

클래스를 통한 작은 만남에서 나는 언제나 큰 에너지를 얻는다. 아무리 힘들고, 피곤한 일이 있어도 눈을 반짝이며 잘 만들어 보려고 애쓰는 학생들을 보면 얼마나 즐거운지. 함께 케이크를 만들며 그들과 소통하는 것이 내게는 큰 행복이다. 블로그에 글을 올리면 문자도 받는다.

"선생님, 새 케이크 나왔군요. 곧 먹으러 갑니다!"

일상의 소소한 즐거움이란 이런 것이 아닐까. 양방향 소통이라는 게 얼마나 즐거운 일인가. 서로의 마음을 나누고 관심을 가져준다는 것은 언제나 사람의 마음을 따뜻하게 한다. 그런 의미에서 난 참 행복한 사람인 것 같다. 이렇게 무조건적으로 나를 따라주는 분들이 있다는 것은.

설레는 그릇 쇼핑

울다가도 먹을 것을 주면 울음을 뚝 그치거나, 울면서도 먹을 것은 잘 받아먹는 아기들을 보면 역시 음식은 인간에게 가장 중요한 것이라는 생각에 웃음이 나기도 한다.

언제나 우리를 즐겁게 하는 음식, 그중에서도 달콤한 디저트를 만드는 나는 참 행복한 사람이라는 생각을 한다.

베이킹에 빠지면서 그릇에 관심이 많아지다 보니 자연히 그릇 쇼핑이 주를 이루게 되었다. 백화점에 가도, 시장에 가도 옷보다는 그릇 코너에서 더 오랜 시간과 돈을 투자하게 되었다. 엄마도 그릇 사는 것을 무척 좋아하셨다. 그릇장 가득 예쁜 그릇으로 가득 차 있던 추억. 어릴 때는 그릇 모으는 엄마를 보면서 '있는 그릇을 왜 또 자꾸 살까?'하고 생각했다. 엄마 딸이라서일까, 이제는 내가 그릇마니아가 되었다. 지금도 가끔 친정에 가면 엄마 그릇을 하나씩 가져오곤 한다. 그야말로 요즘 유행하는 빈티지니까.

여행을 갈 때도 그릇 쇼핑은 빠지지 않는다. 일본에 갈 때마다 갓빠바시 시장에 들린다. 베이킹 재료뿐 아니라 저렴하고 예쁜 그릇을 살 수 있기 때문. 프랑스에서 사 온 그릇을 볼 때마다 다시 여행가고 싶은 생각이 든다. 아무리 들고 오기 힘들어도 멈출 수가 없다.

"이 접시에는 딸기케이크를 올리면 잘 어울리겠구나."

하나씩 사서 모은 아기자기한 그릇들은 보고 또 봐도 흐뭇하다. 이제는 영화를 볼 때도 그릇을 유심히 살펴보게 되었다. 특히 〈카모메 식당〉에 나왔던 북유럽 그릇들은 가장 아끼는 소장품이다. 우리나라의 도기들도 생각보다 케이크와 조화를 잘 이루어 애용하는 아이템이다. 예쁜 그릇과 어울리는 접시를 골라 플레이팅하는 재미도 쏠쏠하다.

"그릇은 다 직접 고르신 건가요? 이것도 케이크와 콘셉트를 맞추시는 건가요? 접시가 너무 예뻐요."

그릇에 관심이 많은 여자 손님들은 대부분 케이크를 다 드시고는, 뒤집어서 그릇의 상표를 꼭 확인한다. 이제 내 그릇들은 듀자미를 구성하는 일부분이 되어버렸다. 돈으로 가치를 매길 수 없는 값진 그릇들. 직원이 바뀔 때마다 꼭 하는 말이 있다.

"다른 건 깨도 되는데 접시는 절대 안 돼. 조심해서 다루기!"

다행히 아직까지는 접시를 깬 직원이 없었다.

앞으로도 없기를 간절히 바란다.

비오는 월요일

학창시절.

마음이 싱숭생숭한 날이면 수업에 들어가지 않기도 하고, 비오는 날에는 낭만적일 것 같다며 비를 맞기도 했다. 큰 스크린이 있는 카페에 앉아 친구와 하염없이 음악을 들은 적도 있었다. 카페 일을 하면서도 정말 땡땡이를 치고 싶은 날이 있다. 바로 비오는 월요일. 경험상 백발백중 손님 없는 썰렁한 가게를 하루 종일 지루하게 지켜야 하는 날이다. 이상하게 앉을 틈 없이 바쁜 날보다 손님이 별로 없는 날이 더욱 피곤하다. 월요일 아침, 눈을 떴을 때 비가 오면 고민스럽다.

"우리 오늘 문 열지 말까?"

"그래도 문을 열어야지 무슨 소리야?"

남편이 말했다. 막상 오픈준비를 끝내고 나면 남편은 "그냥 열지 말걸 그랬나?"라고 하지만 언제나 말뿐인 것을 잘 알고 있다. 투정부릴 때마다 남편은 '비즈니스 마인드'가 없는 철없는 셰프라고 놀린다.

비가 추적추적 내리고 손님도 없는 날은 평소 만들고 싶던 케이크를 실컷 구우면 되는 날. 하지만 정신없이 바쁜 주말을 한바탕 치러낸 터라 보통 월요일에는 꼼짝도 하기 싫을 때가 대부분이다. 이런 저런 고민을 하고 있으면 꼭 손님이 들어온다.

'땡땡이는 물 건너갔구나. 그냥 일이나 하자.'

말을 하지 않아도 알 수 있는 눈빛으로 서로를 바라본다. 어중간하게 손님이 들어오면 완전히 마음을 접는다.

'오픈을 하지 않으면 몰라도, 5시에 문을 닫고 가는 건 이상하잖아!'

그날도 비가 많이 오던 월요일이었다. 손님이 없어서 남편과 라테 한 잔을 마시다가 갑자기 너무 보고 싶었던 영화가 생각났다.

"영화도 보고 오랜만에 다른 집 케이크도 먹으러 가자."

오랜만에 의견이 일치되어 잽싸게 일어나 나가려는 순간 손님이 들어왔다. 부부로 보이는 두 사람은 쇼케이스를 신중히 보더니 케이크 2조각과 아메리카노를 주문했다. 서빙을 하고 돌아서서 작업실로 가려는데 손님이 물었다.

"베이킹 클래스를 듣고 싶은데 어떻게 하면 신청할 수 있죠?"

"지금 진행 중인 클래스는 다 찼어요. 다음 수업에 신청하시겠어요?"

"블로그를 보고 꼭 와 보고 싶었어요. 대전에 사는데 오늘 휴가를 내고 들러 보았어요. 사실 저도 이런 카페를 준비 중이거든요. 간단하게 만들 수 있는 케이크도 팔고 싶어요."

손님의 희망 가득한 눈빛을 보니 도와주고 싶었다. 카페 오픈에 대한 이런 저런 이야기를 나누다 돌아간 그 분은 잠시 후 다시 오셨다. 손에는 따끈한 녹두 부침개가 들려 있었다.

"출출하실 것 같아서 샀어요. 좋아하실지 모르지만, 비오는 날이니 맛있게 드세요."

"이런 거 엄청 좋아해요."

감사한 마음에 덥석 받아들였다. 비오는 날 잘 어울리는 녹두부침을 작업실에서 맛있게 먹으며 생각했다.

'문 닫지 않기를 잘했네.'

그 분은 일주일에 한 번씩 베이킹 수업을 들었다. 복습도 잘 해 오고 열심히 한 덕에 빠른 시간에 솜씨 좋게 몇 가지를 구워냈다. 오픈 준비를 하고 있다는 메일을 받은 것도 꽤 오래전 일인데. 오픈은 했을까. 바빠서 연락이 없으신 거겠지?

케이크, 그 달콤함

전화가 울려대기 시작했다.

"작년에 먹었던 크리스마스 케이크가 너무 맛있었는데, 올해도 구입할 수 있을까요?"

"곧 아버님 생신이신데, 어른들이 좋아하실 케이크로 주문하려고 해요. 어떤 게 좋을까요?"

"여자 친구와 만나지 100일인데 듀자미 케이크를 좋아해요."

드문드문 들어오던 홀케이크 주문이 부쩍 늘기 시작했다. 작은 디저트 카페이다 보니 홀케이크를 여러 개 만들어 둘 수는 없었다. 그러다 보니 케이크를 구입하러 온 분들을 돌려보내는 상황이 되어버렸다. 그래서 생각해 낸 것이 '하루전 주문제'였다. 손님들도 점점 시스템에 익숙해졌다. 홀케이크를 주문하는 단골이 점점 늘어갔다.

"김 기사. 흔들리지 않게 잘 들어요."

집안 모임이 있을 때마다 기사를 대동하고 케이크를 여러 판 구입하는 손님이 있다. 우아한 자태를 보며 우리끼리 '청담동 며느리'라는 별명을 붙였다. 한 남자는 프랑스인 바이어에게 선물할 케이크를 자주 주문하는데 항상 본인이 마실 테이크아웃 커피를 함께 가져간다.

전화로 주문을 받다보니 상대방의 목소리를 듣고 누구와 먹을지, 어떤 모임에 가져갈 케이크인지 알게 되기 때문에 만들 때도 계속 신경을 쓰게 된다.

"아버님 생신이라던데, 좋아하실까? 대학에 들어 간 딸이 좋아하는 케이크라던

데, 맛있게 먹었으면 좋겠네. 예쁜 아가씨들이 친구들과 먹으려고 주문한 거였지?"

매일 만드는 케이크지만 즐겁게 나눌 사람들을 생각하면 가슴이 설렌다. 힘들어도 입술을 꾹 다물고 크림을 짠다. 설명할 수 없는 어떤 힘이 나를 이끄는 것 같다. 하지만 항상 행복한 것은 아니었다.

가게가 바빠지기 시작하면서 하루도 손에 물이 마를 날이 없었다. 손은 노동자처럼 거칠어져 있고, 발은 항상 퉁퉁 부어 있어 파리 여행에서 큰 맘 먹고 산 구두는 아직 신발장에 고이 모셔둔 채였다. 아무렇지 않은 듯 미소 짓고 있지만 입안은 다 헐었고 온몸은 욱신욱신 쑤셨다. 카페가 바빠질수록 식사시간은 불규칙해져 속이 쓰리다 못해 아프기도 했다. 밥도 10분 이내에 먹어 치우는 생활이 이어졌다. 가장 마음이 아픈 것은 사춘기 아들과 많은 시간을 보내지 못한다는 것. 물론 아들도 학교와 학원을 오가느라고 바쁘지만 엄마 마음은 아쉬웠다.

이런저런 생각으로 우울해질 때면 유튜브에 접속해 'pâtisserie'를 검색해 보았다. 세계 여러 나라의 셰프들이 만드는 케이크와 그들의 손놀림을 동영상으로 감상할 수 있었다. 새벽 4시부터 분주하게 케이크 시트를 만들고 크림을 발라 쇼케이스를 채우는 세계의 제과점 풍경들을 바라보았다. 그들의 역동적인 모습을 보면 다시 가슴이 뛰었다.

'언젠가는 유럽으로 빵 투어를 떠나고 싶어.'

살아가면서 소중하지 않은 순간은 없는 것처럼, 지금 여기 듀자미에서의 순간도 소중하리라.

행복

꽃잎이 날리듯 낙엽이 바람에 흩날렸다.

가을은 가로수길이 제일 예뻐 보이는 계절이다. 가끔씩은 가게를 직원들에게 맡기고 남편과 산책에 나선다. 가로수길은 하루가 다르게 변해갔다. 퓨전 중국요릿집이었던 곳은 멋스러운 신발 가게로, 파스타가 맛있었던 작은 가게는 일본식 선술집으로, 커다란 레스토랑은 명품들을 모아놓은 편집숍으로 바뀌었다. 수집용 작은 모형장난감을 팔던 가게 자리에는 어떤 것이 들어설까.

홈 베이킹을 하던 분이 시작한 작은 디저트 카페는 6개월 만에 문을 닫았다. 바로 옆 작은 술집도 장사가 잘 되지 않아서 카페로 바뀌더니, 옷집이 되었다. 그런데 그곳도 곧 문을 닫는다고 했다. 마음이 좋지 않았다. 스파게티와 멋진 디저트를 만드는 작고 예쁜 가게에 항상 손님이 없었다. 카페 오픈 준비를 할 때 소박한 케이크를 먹고 행복을 느끼곤 했었는데…. 직접 만든 크림치즈 프로스팅을 얹은 당근케이크는 지금도 그립다. 그 집마저 문을 닫을까 봐 겁이 났다. 이런 저런 생각을 하다가 드는 생각, '내 걱정이나 할 것이지.'

한때나마 손님들의 사랑을 받던 가게들이 하나 둘 없어져가는 것을 볼 때면 기분이 씁쓸했다. 반면 가로수길의 터줏대감처럼 오래도록 꿋꿋이 그 자리를 지키면서 날이 갈수록 더 사람 향기가 나는 공간으로 자태를 뽐내는 명소들도 있었다. 긴 세월 비바람에도 끄떡 않고 서있는 고목처럼 말이다. 가로수길을 걷다가 문득 생각이 났다.

'우리는 어떤 모습으로 손님에게 기억될까?'

손님들의 사랑을 듬뿍 받아서 보기 좋게 잘 자라나는 공간이었으면 좋겠다. 얼마 전 TV의 음식 프로그램에서 소개된 돼지고기국밥집이 생각났다.

Happiness is...
coffee, macaron
and sweet dessert.

"제가 젊은 시절 맛있게 먹던 국밥을 이제는 어린 아들과 같이 먹어요."

"이 집 국밥이 최고예요. 맛이 변하지 않아요."

손님들이 20년 단골임을 자랑스럽게 이야기했다. 프랑스에도 4대째 가업을 이어 바게트를 만드는 빵집도 있다고 한다. 하지만 1년도 버티기 힘든 가로수길 가게들의 현실과 너무 상반되는 것 같았다.

"그곳에 가면 정말 맛있는 마카롱을 맛볼 수 있어."

"그곳에 가면 정말 독특한 케이크를 먹을 수 있어."

듀자미도 오래도록 사랑받을 수 있을까?

제법 쌀쌀했던 4월의 파리에서 볕 잘 드는 카페에 앉아 몸을 녹이며 마셨던 카페 알롱제 cafe allongé (프랑스의 아메리카노) 의 따뜻했던 느낌처럼, 사람들 마음에 온기를 전할 케이크를 굽고 싶다.

거창한 행복을 꿈꾸던 젊은 시절에 비해 소박해진 행복의 기준에 새삼 놀라기도 한다. 하지만 살다보니 행복이라는 것이 그리 거창한 것이 아니라는 생각이 들었다. 남편과 함께 케이크를 먹으며 이야기를 나누고 새로운 메뉴에 대해 상의하는 순간이 더없이 행복하다. 마감을 끝내고 남은 케이크를 가져다 주면 맛있게 먹는 아들을 바라볼 때도 행복을 느낀다. 정성껏 만든 예쁜 케이크들로 가득 찬 쇼케이스를 바라보는 것, 그 쇼케이스가 텅 비는 모습을 바라보는 것도 행복한 일이다.

내일은 또 어떤 행복한 일들이 펼쳐질까? 우리가 함께 만든 듀자미, 그리고 앞으로 조금씩 더 채워질 그 풍경이 나를 기쁘게 한다.

PART 5

마리의
베이킹 클래스

후다닥 반죽을 오븐에 넣어 기다리는 그 시
간은 하루일과 중 가장 행복한 순간입니다.
부풀어오르는 반죽을 보며 마음의 온도까지
꽉 차오르는 것 같아요. 작업실 가득 퍼지는
고소한 빵냄새, 코끝을 자극하는 크림 향은
결코 질리지 않지요. 남은 반죽을 수플레 컵
에 넣어 구워 먹는 맛도 일품이랍니다. 간단
히 만들 수 있는 쿠키부터 뉴욕 치즈케이크
까지… 좋은 재료로 정성과 손맛을 담은 베
이킹 클래스를 준비했어요. 자, 이제 시작해
볼까요?

Cookie

체에 내린 밀가루는 하얀 눈처럼 소박하죠.

사박사박, 쓱쓱~

밀가루와 잠시 친구하고 나면

달콤한 디저트를 만들 수 있어요.

근사하게 선물할 수 있는 마카롱,

레몬향 가득한 우아한 마들렌,

아이 간식으로 으뜸인 슈….

홈베이킹의 달콤한 시간으로 초대합니다.

프랑스 대표 디저트 얼그레이마카롱

얼그레이는 진한 향을 느낄 수 있는 홍차지요.
얼그레이 찻잎을 갈아 넣어
우아한 베르가못 향을 음미할 수 있어요.
홍차와 가나슈가 어우러지면서
입 안 가득 얼그레이 향이 퍼진답니다.
차와 함께 맛보는 마카롱 ….
마치 프랑스 여인이 된 것 같아요.

재료 | 지름 3cm 40개분

[마카롱 반죽] 아몬드가루 · 슈가파우더 · 설탕 80g씩, 달걀흰자 60g, 물 27g,
코코아파우더 5g, 얼그레이 홍차가루 약간
[샌드 크림] 밀크초콜릿 120g, 생크림 100g, 버터 20g, 얼그레이 홍차잎 5g

이렇게 만드세요

1 볼에 달걀흰자 30g을 담고 체 친 아몬드가루, 슈가파우더, 코코아파우더와 홍차가루를 넣고 으깨듯 섞어요.

2 설탕 10g과 달걀흰자 30g을 볼에 담고 거품기로 세차게 휘핑해 단단한 머랭을 만들어요.

3 냄비에 물과 설탕 70g을 넣고 118℃가 될 때까지 끓인 다음 머랭에 조금씩 흘려가며 단단하게 휘핑해요.

4 ③의 머랭에 ①의 반죽을 넣고 볼을 한 방향으로 돌려가며 섞어요. 반죽에 윤기가 흐르면서 살짝 퍼지면 완성된 거예요.

5 짜주머니에 반죽을 담아서 철판 위에 동그랗게 짜준 뒤 얼그레이 잎을 조금씩 뿌려요. 실온에서 1시간 이상 반죽을 말린 뒤 160℃로 예열한 오븐에서 10분간 구워요.

6 냄비에 생크림을 데운 뒤 불을 끄고 홍차 잎을 3분간 우려요. 초콜릿 담은 볼에 생크림을 체에 밭쳐 부어 줍니다.

7 데운 생크림으로 초콜릿을 녹인 뒤 말랑해진 버터를 조금씩 덜어 섞은 다음 다 같이 섞어요.

8 샌드 크림을 짜주머니에 담고 구운 마카롱의 평평한 면에 조금씩 짠 뒤 마카롱을 붙여 주세요.

 마카롱을 오븐에서 하나 꺼내서 뒤집어 보세요. 바닥이 끈적이지 않으면 다 익은 거예요.

쫀득하게 씹히는 맛 산딸기마카롱

앙증맞게 짠 반죽을 오븐에 넣으면
부풀어 오르면서 예쁜 프릴이 생기는 마카롱.
귀여운 마카롱을 핑크색으로 만들어 더욱 로맨틱하게 연출해 봤어요.
어떤 과일 잼을 사용해도 좋아요.

재료 | 지름 3cm 40개분

[마카롱 반죽] 아몬드가루 · 슈가파우더 · 설탕 80g씩, 달걀흰자 60g, 물 27g, 빨간색 색소 약간
[샌드 잼] 냉동 산딸기 100g, 설탕 80g, 레몬즙 6g

이렇게 만드세요

1. 볼에 달걀흰자 30g을 담고 체친 아몬드가루, 슈가파우더를 넣고 으깨듯 섞어 반죽해요. 이 때 색소도 적
   당량 넣어 주세요.
2. 설탕 10g과 남은 흰자 30g을 볼에 담고 거품기로 세차게 휘핑해 단단한 머랭을 만들어요.
   머랭을 만드는 동안 냄비에 물과 설탕 70g을 넣고 118℃가 될 때까지 끓여요.
3. ②의 시럽이 완성되면 머랭에 조금씩 흘려가며 단단하게 휘핑해요.
4. 완성된 머랭에 ①의 반죽을 넣고 주걱으로 가볍게 섞어 주어요.
   반죽은 한 방향으로 섞어 주세요. 윤기가 흐르고 살짝 퍼지면 완성입니다.
5. 짜주머니에 반죽을 담고 철판 위에 동그랗게 짠 뒤 실온에서 1시간 이상 말려 주세요.
   160℃로 예열한 오븐에서 10분간 구워요.
6. 냄비에 냉동 산딸기, 설탕, 레몬즙을 담고 잼 상태가 될 때까지 졸여요.
7. 짜주머니에 잼을 담고 구운 마카롱에 조금씩 짠 뒤 서로 포개 줍니다.

Mari's tip 만들어놓은 마카롱은 밀폐용기에 담아 냉동 보관하세요. 먹을 만큼 꺼내 실온에 두었다 티 타임에 하나씩 곁들이면 좋아요.

홍차와 곁들여요 레몬아이싱 마들렌

레몬향이 은은하게 풍기는 마들렌은 홍차와 잘 어울리는 쿠키입니다. 마들렌 위에 레몬
아이싱을 올리면 새콤한 맛과 향을 더할 수 있어요. 마들렌이 뜨거우면 아이싱이 녹아 컬
러가 묽어지므로 한 김 식혀서 올리세요.

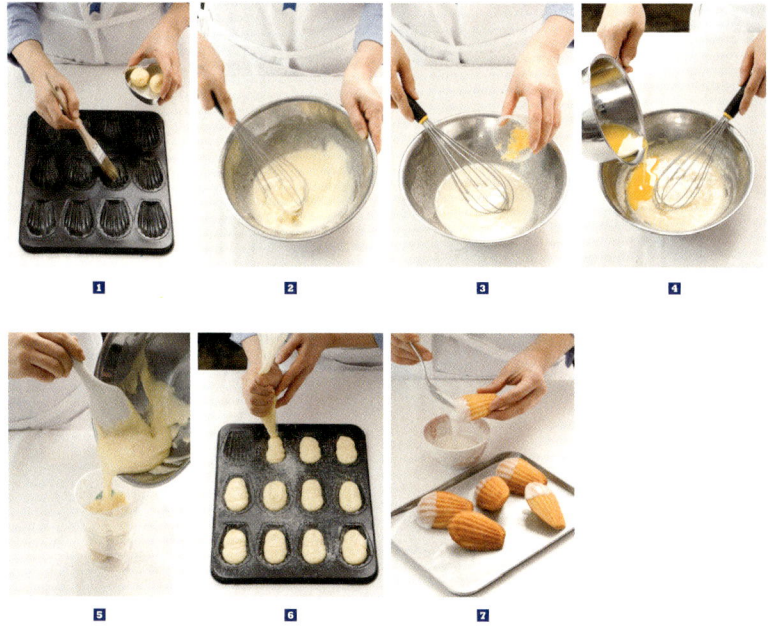

재료 | 지름 7cm 12개분

[마들렌 반죽] 설탕·박력분 65g씩, 버터 60g, 우유 25g, 베이킹파우더 2g, 달걀 1개, 레몬(제스트) 1개분
[아이싱] 슈가파우더 60g, 레몬즙 12g

이렇게 만드세요

1 마들렌 틀에 녹인 버터를 바르고 박력분을 얇게 뿌린 뒤 냉장고에 넣어요.

2 볼에 달걀과 설탕을 담고 거품기로 저어 미색이 될 때까지 휘핑해요.

3 레몬 제스트와 우유를 넣고 고루 섞어요.
　　 잘 섞이면 박력분과 베이킹파우더를 넣고 가루가 보이지 않게 섞어요.

4 녹인 버터를 2번 나눠 넣으며 섞어요.

5 일회용 컵에 짜쭈머니를 씌운 뒤 반죽을 부어요.

6 냉장고에 둔 틀을 꺼내 반죽을 짠 뒤 180℃로 예열된 오븐에서 10~12분간 구워요.

7 볼에 슈가파우더와 레몬즙을 넣고 거품기로 고루 섞어요.
　　 식힌 마들렌에 레몬 아이싱을 숟가락으로 발라 주세요.

 Mari's tip　틀을 냉장고에서 10분간 두었다 반죽을 짜면 구웠을 때 틀에서 잘 빠져 예쁜 모양을 만들 수 있어요.

폭신폭신 부드러운 맛 녹차크림 다쿠아즈

달걀흰자로 만든 다쿠아즈는 폭신폭신해 구워 먹어도 좋고, 무스케이크의 시트로 써도
좋아요. 녹차 가나슈를 샌드하면 달콤한 맛과 쌉싸래한 맛을 동시에 느낄 수 있답니다.

100% cotton natural fiber which allow
Designed and manufactured by A

재료 | 7×5cm 8개분

[다쿠아즈 반죽] 달걀흰자 150g, 아몬드가루 100g, 슈가파우더 67g, 설탕 45g, 녹차가루 12g

[샌드 크림] 생크림·화이트초콜릿 130g씩, 버터 23g, 녹차가루 5g

이렇게 만드세요

1 볼에 달걀흰자를 담고 핸드믹서로 휘핑해요. 작은 거품이 생기면 설탕을 조금씩 나눠 넣으며 섞어 주세요.

2 희고 단단해질 때까지 휘핑해서 단단한 머랭을 만들어요.

3 체 친 아몬드가루, 슈가파우더, 녹차가루를 넣고 주걱으로 칼로 자르듯이 섞은 뒤 가루가 안보일 때까지 조심스럽게 섞어요.

4 반죽을 짜주머니에 담고 다쿠아즈 틀에 짠 뒤 스패튤라로 윗면을 평평하게 정리해요.

5 틀을 빼고 슈가파우더를 솔솔 뿌린 뒤 다시 한번 뿌려요. 너무 많이 뿌리면 윗면에 슈가파우더가 뭉치니 소량만 뿌리세요. 180℃로 예열한 오븐에서 15분간 구워요.

6 냄비에 생크림과 녹차가루를 넣고 중간 불에서 데워요. 볼에 화이트초콜릿을 담고 데운 생크림을 부어 녹여요.

7 볼에 버터를 담고 말랑말랑하게 마요네즈 상태로 푼 다음 ⑥을 조금 덜어 섞은 뒤 남은 양을 마저 넣고 섞어요.

8 짜주머니에 샌드 크림을 담아 구운 다쿠아즈 위에 짠 뒤 다쿠아즈끼리 붙여 주세요.

Mari's tip 샌딩할 크림은 흐르지 않을 때까지 굳혀 주세요. 짜주머니에 넣어서 짤 수 있을 정도로 굳었을 때 바르는 것이 좋답니다.

입안에서 사르르 슈크림

한 입 베어 물면 바닐라 맛이 입안 가득 그윽한 풍미를 주는 슈크림이에요.
윗면에 아몬드를 뿌려 구우면 더욱 고소하고 달콤한 맛을 즐길 수 있답니다.

[슈 반죽]

1   2   3   4

[굽기]

5

[커스터드 크림]

6   7   8   9

[장식]

10

재료 | 지름 3.5cm 20개분

[슈 반죽] 달걀 100g, 박력분 70g, 우유 65g, 물 · 버터 55g씩, 소금 · 설탕 2g씩, 다진 아몬드 약간
[커스터드 크림] 우유 200g, 휘핑한 생크림 100g, 설탕 55g, 달걀노른자 32g,
옥수수 전분 · 박력분 10g씩, 바닐라빈 1/2개

이렇게 만드세요

1. 냄비에 반죽용 우유, 물, 버터, 소금, 설탕을 넣고 끓인 뒤 불에서 내려 박력분을 넣고 가루가 보이지 않을 때까지 휘저어요.

2. 다시 냄비를 불 위에 올려 주걱으로 원을 그리듯 저어 반죽이 한 덩어리로 뭉쳐지고 바닥에 얇은 막이 생길 때까지 저으면서 수분을 날려요.

3. ②를 볼에 옮겨 담아 주걱으로 섞으면서 약간 식힌 다음 달걀을 조금씩 나누어 넣고 섞어요. 반죽을 들어보았을 때 V자로 축 처지는 되직한 정도로 될 때까지만 섞어요.

4. 1cm 원형깍지를 낀 짜주머니에 반죽을 담고 오븐 팬 위에 동그랗게 적당한 간격으로 짜 주세요.

5. 달걀과 물을 1:1로 섞어 달걀물을 만들어 ④의 반죽 표면에 붓으로 바른 뒤 포크로 표면을 다듬어요. 다진 아몬드를 반죽 윗면에 조금 뿌린 뒤 180℃로 예열한 오븐에서 25~30분간 구워요.

6. 볼에 커스터드 크림용 달걀노른자와 설탕을 넣고 미색이 될 때까지 거품기로 휘핑한 뒤 체 친 옥수수 전분, 박력분을 넣고 섞어요.

7. 냄비에 우유와 바닐라빈을 넣고 끓여요. 우유가 끓으면 ⑥의 반죽에 2번 나누어 넣으며 섞어요.

8. ⑦을 다시 냄비에 담아 불에 올린 뒤 거품기로 구석구석 저어가며 끓여요. 풀처럼 바글바글 끓으면 불에서 내려요. 반죽을 바트에 펼쳐 담고 랩으로 밀착해서 씌운 뒤 냉장고에서 식혀요.

9. 커스터드 크림이 완전히 식으면 볼에 담고 거품기로 잘 풀어준 뒤 100% 단단하게 휘핑한 생크림과 고루 섞어요.

10. 구운 슈는 1/3 정도 잘라 뚜껑을 만들어요. 커스터드 크림을 짜주머니에 넣고 슈에 짜 주세요.

 차가운 슈크림 위에 데운 생크림과 다크초콜릿을 1:1로 섞어 만든 초콜릿 소스를 뿌려 먹으면 더욱 맛있어요.

깊고 부드러운 맛 초콜릿슈크림

파리의 유명 제과점 팽드슈크레pain de sucre 슈크림의 카피캣 메뉴.

에클레어 위에 퐁당 장식 대신 소보로를 얹었어요.

기본 슈 반죽에 스트로이젤 반죽을 올려 바삭바삭한 맛이 납니다.

초콜릿 크림을 넣으면 맛과 향이 더 깊어져요.

[쿠키 반죽]

1   2

[커스터드 크림]

3   4   5   6

[슈 반죽]

7   8   9   10

[굽기]   [장식]

11   12

재료 | 지름 3.5㎝ 20개분

[쿠키 반죽] 버터 · 설탕 · 아몬드가루 50g씩, 박력분 35g, 코코아파우더 15g
[커스터드 크림] 우유 200g, 설탕 55g, 달걀노른자 32g, 옥수수 전분 · 박력분 10g씩
[가나슈] 다크초콜릿 · 밀크초콜릿 · 생크림 25g씩
[슈 반죽] 달걀 100g, 우유 65g, 물 55g, 설탕 2g, 소금 1g, 버터 · 박력분 55g씩, 코코아파우더 15g

이렇게 만드세요

1 실온에 두어 말랑해진 버터를 거품기로 푼 뒤 설탕을 넣고 고루 섞은 뒤 체 친 아몬드가루, 박력분, 코코아
파우더를 넣고 보슬보슬하게 섞어요.

2 반죽을 한 덩어리로 만들어 2㎜ 두께로 밀어 냉동실에 넣어 두었다가 지름 3.5㎝ 원형 쿠키커터로 반죽
을 잘라내요.

3 볼에 커스터드 크림용 노른자와 설탕을 넣고 거품기로 미색이 될 때까지 휘핑한 뒤 체 친 전분과 박력분
을 넣고 섞어요.

4 우유를 데워 ③에 2번 나눠 넣어 섞은 뒤 다시 냄비에 담고 불에 올려서 거품기로 골고루 저어가며 끓여요.
풀처럼 바글바글 끓으면 냄비를 바닥으로 내려 볼에 옮겨 담아요.

5 생크림을 데운 뒤 초콜릿을 담은 볼에 붓고 고루 섞어 가나슈를 만들어요.

6 ④의 크림과 ⑤의 가나슈를 잘 섞은 뒤, 바트에 넓게 펼쳐 담고 랩으로 밀착해 식혀요.

7 냄비에 슈 반죽용 우유, 물, 버터, 소금, 설탕을 넣고 버터가 끓어오를 때까지 끓입니다.

8 냄비를 불에서 내려 박력분과 코코아파우더를 한꺼번에 넣고 가루가 보이지 않을 때까지 저어요. 다시 냄
비를 불 위에 올려 반죽이 한 덩어리로 동글동글 뭉쳐지고, 바닥에 얇은 막이 생길 때까지 저으면서 수분을
날려줘요. 볼에 옮겨 담고 주걱으로 섞으면서 약간 식혀 주세요.

9 식힌 반죽에 달걀을 나누어 넣으며 반죽을 들었을 때 v자로 축 처질 때까지 섞어요.

10 1㎝ 원형깍지를 낀 짜주머니에 ⑨의 반죽을 넣고 오븐 팬에 간격을 두고 동그랗게 짜 주어요.

11 ②의 쿠키 반죽을 ⑩의 슈 반죽에 하나씩 올린 뒤 170℃로 예열한 오븐에서 25~30분 구워요.

12 바닥에 이쑤시개로 작게 구멍을 뚫은 뒤 ⑥의 크림을 채워 넣어요.

Mari's tip 슈는 굽는 중간에 오븐 문을 열면 모양이 꺼지므로 실패하기 쉽습니다. 중간에 절대 오븐을 열지 마세요.

촉촉하고 부드러운 맛 생크림스콘

스콘은 잼이나 버터와 궁합이 잘 맞아요. 퍽퍽하고 딱딱한 스콘이 부담스러울 때는 생크림을 넣어 부드럽게 만들어 보세요. 스콘 반죽에 건과일이나 치즈가루를 넣어 나만의 레시피를 완성해도 좋아요.

재료 | 지름 6㎝ 6개분

박력분 250g, 버터 110g, 생크림 77g, 달걀 60g, 설탕 12g, 베이킹파우더 10g, 소금 1g

이렇게 만드세요

1. 볼에 체에 내린 박력분과 베이킹파우더, 잘게 자른 버터, 설탕, 소금을 넣고 버터를 손으로 으깨 듯 섞어요.
2. 생크림과 달걀을 넣고 스크래퍼로 자르듯 섞어요.
3. 고루 섞은 반죽을 한 덩어리로 뭉쳐요.
4. 밀대로 반죽의 윗면을 평평하게 정리해 준 뒤 반을 접어 다시 밀어요.
5. 1.5㎝ 두께로 밀어준 다음 지름 5㎝의 커터로 반죽을 잘라요. 반죽할 때 되도록 많이 만지지 말고 도구를 이용해 재빨리 만들어야 구웠을 때 모양이 예뻐요. 철판에 유산지를 깔고 반죽을 올린 뒤 냉동실에서 1시간 정도 휴지시켜요.
6. 달걀과 물을 1:1로 섞은 달걀물을 만들어요. 붓으로 반죽 윗면에 달걀물을 바른 뒤 200℃로 예열 한 오븐에서 15분간 구워요.

Mari's tip 자투리 반죽이 남는 게 싫다면 동그랗게 빚어서 피자 자르듯 삼각형 모양으로 잘라 구워요.
달콤하게 먹고 싶을 때는 달걀노른자를 바른 뒤 윗면에 설탕을 솔솔 뿌려 구워도 좋답니다.

Cake

제과점 쇼케이스의 화려한 케이크만 봐도 가슴이 설레죠.
저마다의 멋을 뽐내며 눈길을 사로잡는 케이크를
내 손으로 직접 만들어 보는 건 어떨까요?
좋아하는 재료를 듬뿍 넣을 수 있고,
마음대로 장식할 수 있는 나만의 케이크는
조금은 투박하지만 나름대로 멋스럽죠.
더 좋은 재료로, 정성을 담아 만드는 케이크는
받는 사람과 만드는 사람 모두를 행복하게 만들어 줍니다.

초콜릿의 향연 초콜릿 무스케이크

특별한 날 멋진 케이크 보다 좋은 음식 선물이 또 있을까요?
반짝반짝 빛나는 글라사주를 덮은 초콜릿 무스케이크는
만드는 사람도, 받는 사람도 즐겁게 합니다.

1   2   3   4

[시트&크림 장식]

5   6   7

[글라사쥬]

8   9   10

[장식]

11   12

재료 ┃ 지름 15cm 무스틀 1개분

[초콜릿 시트 2장] (→만드는 법은 P.43 제누아즈 만들기를 참고 하세요)
달걀 140g, 설탕 80g, 박력분 45g, 버터 28g, 아몬드가루 20g, 코코아파우더 15g
[초콜릿 무스] 휘핑한 생크림 210g, 다크초콜릿 170g, 생크림 90g, 달걀노른자 35g, 설탕 17g, 판젤라틴 2g
[글라사주] 설탕 175g, 생크림 105g, 물 70g, 코코아파우더 65g, 판젤라틴 6g

이렇게 만드세요

1. 볼에 무스용 노른자와 설탕을 넣고 거품기로 잘 섞어요. 다크초콜릿은 중탕으로 녹여요. 냄비에 생크림을 담고 가장자리에 거품이 생길 때까지 끓인 뒤 노른자 볼에 조금씩 부어서 섞어요.

2. ①의 반죽을 다시 냄비에 담고 약한 불에서 주걱으로 저어가면서 84℃가 될 때까지 끓여요. 주걱에 반죽을 묻혔을 때 그은 자국이 흐르지 않고 그대로 있으면 완성입니다.

3. 얼음물에 담가 둔 젤라틴을 ②에 꼭 짜 넣고 체에 걸러요. 조금 식힌 뒤 중탕으로 녹인 초콜릿과 고루 섞어요.

4. 휘핑한 생크림을 ③의 초콜릿 반죽에 1/3 정도 넣고 가볍게 섞어요. 나머지 생크림을 넣고 고루 섞어 초콜릿 무스를 완성해요.

5. 틀에 초콜릿 시트를 1cm 두께로 잘라 넣어요. 짜주머니에 초콜릿 무스를 담고 시트 두께 정도로 동그랗게 짜 주세요.

6. 또다시 시트를 1장 올린 뒤 초콜릿 무스를 다시 짜고 스패튤라로 윗면을 평평하게 만들어 줘요.

7. 냉동실에서 2시간 정도 굳혀요.

8. 냄비에 글라사주용 물과 생크림, 설탕을 넣고 끓으면 체 친 코코아파우더를 넣고 섞어요.

9. 얼음물에 불려 둔 젤라틴을 ⑧에 넣어요.

10. ⑨를 체에 거른 뒤 40℃ 정도가 될 때까지 식혀 글라사주를 완성해요.

11. 냉동실에서 굳힌 무스케이크 틀을 뜨거운 행주로 감싼 뒤 식힘망 위에 올려 틀을 빼 주세요..

12. ⑩의 글라사주를 겉면에 부어주면 완성입니다. 윗면이나 테두리 옆면에 시리얼을 장식해도 예뻐요.

 초콜릿 무스를 만들 때 생크림을 한꺼번에 부으면 달걀이 익어버리니 조심하세요.
완성한 케이크는 냉동실에서 단단하게 굳힌 뒤 글라사주를 입혀야 무스가 녹아 내리지 않아요.

홈파티 필수 아이템 녹차 무스케이크

손이 많이 가는 무스케이크를 컵에 담아 주세요.
단면이 예뻐 투명한 비닐로 포장해도 좋고,
손님 오신 날 디저트로 준비해도 그만이지요.
녹차와 잘 어울리는 팥을 넣으면 맛이 더욱 부드러워요.

1   2   3   4

5   6   7

재료 | 지름 5cm 컵 4개분

휘핑한 생크림 170g, 삶은 단팥(통조림) 100g, 생크림 85g, 화이트초콜릿 75g,
녹차가루 4g, 판젤라틴 2g, 1cm×5cm 제누아즈 8장(→만드는 법은 P.43 제누아즈 만들기를 참고 하세요)

이렇게 만드세요

1 냄비에 생크림과 녹차가루를 담고 데워요.
2 볼에 화이트초콜릿을 담고 ①을 넣고 고루 저어 녹여요.
3 불려 둔 젤라틴은 물기를 꼭 짠 뒤 넣어요.
4 휘핑한 생크림을 ③에 조금씩 넣어 가며 아래에서 위로 고루 섞어요. 완성한 무스는 짜주머니에 담아요.
5 컵에 녹차무스를 1cm 두께로 짜 넣고 제누아즈 1장을 넣어요.
6 제누아즈 위에 녹차무스를 짠 다음 팥을 넣고 다시 녹차 무스를 짜 넣어요.
7 제누아즈를 1장 더 넣은 뒤 녹차무스를 짜고 스패튤라로 표면을 매끈하게 정리해요.

 Mari's tip 케이크 윗면이 너무 심플하게 느껴진다면 팥을 조금 올려 장식해 보세요.
팥앙금을 예쁘게 잘라 얹으면 고급스러운 스타일링이 완성된답니다.

우리집 간식 캐러멜 파운드케이크

일반적인 파운드케이크는 퍽퍽하게 느껴질 때가 많아요. 캐러멜 소스를 반죽에 넣으면
파운드 케이크의 식감이 부드럽고 촉촉해 진답니다. 케이크 위에 캐러멜 소스를 뿌리고
견과류로 장식해도 멋스럽지요.

[1] [2] [3] [4]

[5] [6]

재료 | 13cm 파운드 틀 3개분

[케이크 반죽] 버터 210g, 설탕 170g, 달걀 · 박력분 140g씩, 베이킹파우더 3g
[반죽에 넣을 캐러멜] 생크림 65g, 설탕 55g
[장식용 캐러멜 소스] 생크림 70g, 설탕 60g

이렇게 만드세요

[1] 냄비를 달군 뒤 중간 불로 줄여 캐러멜용 설탕 55g을 조금씩 넣어가며 녹여 주세요. 설탕이 녹으면 다시 넣고 주걱으로 잘 저어가면서 녹이세요. 다른 냄비에 생크림 65g을 데워요.

[2] ①의 설탕이 다 녹으면 데운 생크림을 조금씩 흘려 부으며 재빨리 저어 섞어요. 볼에 식혀 캐러멜을 완성해요.

[3] 실온에 두어 말랑해진 버터를 볼에 담고 풀어준 뒤 설탕 170g을 휘핑해요.

[4] ③에 달걀을 조금씩 나눠 넣으면서 섞은 뒤 ②의 캐러멜을 넣고 주걱으로 섞어요.

[5] ④에 체 친 박력분, 베이킹파우더를 넣고 고루 섞어요.

[6] 반죽을 짜주머니에 담고 파운드 틀에 80% 정도 채워 160℃로 예열한 오븐에서 40분간 구워요. 케이크를 굽는 동안 ①~②의 과정을 참고해 장식용 캐러멜 소스를 만들어요. 구운 파운드케이크에 캐러멜 소스를 곁들여요.

 생크림은 조금씩 부어가며 재빨리 섞어 주어야 합니다.

붉은 과일 소스 뉴욕 치즈케이크

나른한 오후, 깊은 풍미의 치즈케이크 한 조각 어떨까요?
입 안 가득 풍기는 진한 치즈 향에 기분까지 상큼해지죠.
베리를 졸여 만든 과일 소스까지 끼얹으면 풍미가 더욱 좋아집니다.

재료 | 지름 15cm 무스틀 1개분

[치즈 케이크] 크림치즈 280g, 설탕 90g, 달걀 56g, 생크림 · 플레인요구르트(또는 사워크림) 49g씩, 달걀노른자 18g,
레몬즙 12g, 럼주·옥수수 전분 7g씩, 지름 15cm 제누아즈 1장 (→만드는 법은 P.43 제누아즈 만들기를 참고 하세요)
[과일 소스] 냉동 산딸기·설탕·붉은 과일(블랙베리 · 블루베리) 100g씩

이렇게 만드세요

1 실온에 두어 말랑해진 크림치즈를 덩어리지지 않게 거품기로 풀어요.

2 ①에 설탕과 플레인요구르트를 넣고 고루 섞어요.

3 ②에 달걀과 노른자를 2~3번 나눠 넣고 잘 섞어요.

4 크림처럼 뽀얗게 되면 레몬즙, 생크림, 럼주, 전분을 순서대로 넣고 휘핑해요.

5 무스틀 바닥에 잘라 둔 제누아즈 시트를 깔고 ④의 반죽을 부어요.

6 팬에 60℃ 정도의 물을 붓고, 160℃로 예열된 오븐에서 45~50분 정도 구워요.

7 냄비에 산딸기와 설탕을 넣고 약한 불에서 주걱으로 으깨가며 잼 상태가 될 때까지 졸여요. 불을 끈 뒤 붉
은 과일을 넣고 섞어 소스를 만든 뒤 치즈케이크 위에 뿌려요.

– 바닥에 깔 제누아즈는 1㎝ 두께로 잘라두세요. 무스 링 옆면은 유산지를 잘라 두르고 바닥이 새지 않도록 쿠킹포일로 감싸
준 뒤 무스 링을 중탕할 팬 위에 올려요.
– 반죽을 만들 때 너무 많이 휘핑하면 공기가 많아져 케이크 윗면이 예쁘지 않아요.
치즈는 실온에 꺼내 두세요. 차가운 치즈는 덩어리가 생겨 굽고 난 뒤 윗면에 거뭇거뭇한 모양이 남게 됩니다.

Delicious
Newyork cheese cake
with black & blue berry sauce

고소함의 극치 아몬드케이크

아몬드가루를 듬뿍 넣어서 더욱 고소해요.
파운드 틀에 담아 먹음직스럽게 구워도 좋지만
가끔은 예쁜 모양 틀로 구우면 더욱 사랑스러워요.

재료 | 지름 6cm 하트틀 6개분

달걀 130g, 슈가파우더 115g, 버터 85g, 아몬드가루 80g, 박력분 60g,
베이킹파우더 2g, 아몬드 슬라이스 약간

이렇게 만드세요

1 실온에 두어 말랑해진 버터를 볼에 담고 거품기로 덩어리를 풀어 주세요. 체 친 슈가파우더, 아몬드가루를
넣고 핸드믹서로 휘핑해요.

2 달걀을 조금씩 나눠 넣으면서 휘핑해요. 한꺼번에 달걀을 넣으면 버터와 달걀이 분리되어 구웠을 때 뻑뻑
하므로 8~10번 나누어 넣어가며 저어요.

3 ②에 박력분, 베이킹파우더를 조금씩 넣어가며 주걱으로 섞어요. 너무 오래 저으면 반죽이 질겨지므로 가
루가 보이지 않을 정도만 섞으세요.

4 슬라이스 아몬드를 깐 틀에 반죽을 1/2 정도만 붓고 윗면을 평평하게 정리해요. 180℃로 예열한 오븐 온도
를 160℃로 낮춘 뒤 30분간 구워요.

 Mari's tip
- 틀에 버터를 칠하고 아몬드 슬라이스를 바닥에 뿌려 냉장고에 넣어요.
- 가루 종류는 모두 체 쳐요.
- 구운 과자는 한김 식힌 뒤 밀폐용기에 담아 두면 다음날까지 촉촉해요. 냉장 보관하는 것보다 상온에 두는 것이 더 맛있
 답니다.

크리스마스에는 건과일 넣은 구겔호프

프랑스 알자스 지방을 대표하는 케이크로 알려진 구겔호프. 럼에 절인 건과일을 넣으면
그윽한 럼향과 과일이 어우러져서 더욱 깊은 풍미를 맛볼 수 있어요. 건과일은 럼에 보름
이상 절여 두어야 진한 맛을 낼 수 있어요.

[재료 | 지름 15cm 1개분]

[구겔호프 반죽] 건과일(크랜베리·건포도·블루베리·무화과) 90g, 아몬드가루·
슈가파우더·달걀노른자 70g씩, 달걀 30g, 버터 18g, 럼주·박력분 15g씩
[머랭] 달걀흰자 50g, 설탕 25g

[이렇게 만드세요]

1 구겔호프 틀에 녹인 버터를 바르고 박력분을 살짝 뿌려 한번 턴 뒤 10분 정도 냉장고에 넣어요.

2 아몬드가루, 슈가파우더, 달걀노른자, 달걀은 모두 볼에 넣고 가루가 보이지 않을 때까지 섞어 주세요.

3 ②의 볼에 따뜻한 물을 받쳐 중탕해서 반죽을 따뜻하게 한 뒤 핸드믹서로 반죽이 걸쭉해질 때까지 휘핑
해요.

4 럼주에 절인 건과일에 박력분을 약간 넣고 버무려요.

5 다른 볼에 달걀흰자를 담고 핸드믹서로 휘핑하다 거품이 생기기 시작하면 설탕을 조금씩 나눠 넣어 부드
러운 머랭을 만들어요.

6 ③의 반죽에 머랭을 2번 정도 나눠 넣고 거품이 꺼지지 않게 살짝 섞어요. 건과일도 넣고 섞어 주세요.

7 박력분을 넣고 섞으면서 녹인 버터도 함께 넣고 섞어 주세요.

8 구겔호프 틀에 반죽을 붓고 170℃로 예열한 오븐에서 35분간 구워요.

Mari's tip – 건과일은 럼주에 넣고 3주간 재워 두세요. 모든 가루는 함께 체 치고 버터는 전자레인지를 이용해 녹여요.
– 건과일을 반죽에 넣을 때 밀가루를 묻히는 이유는 건과일이 아래로 가라앉지 않고 반죽에 골고루 분포되게 하기 위해서
랍니다.

로맨틱 무드 생과일 컵케이크

컵케이크의 매력은 달콤한 프로스팅 아닐까요? 스패튤라로 모양을 낸 소박한 홈메이드 스타일로 만들어 보세요. 과일을 넣은 상큼한 프로스팅을 올린 컵케이크는 누군가에게 선물하고 싶은 아이템이지요. 딸기와 블루베리 뿐 아니라 다른 과일 퓨레를 넣고 만들어도 좋아요.

1	**2**	**3**	**4**

5	**6**	**7**	**8**

재료 | 6개분

[컵케이크 반죽] 버터·달걀 105g씩, 설탕 95g, 박력분 77g, 베이킹파우더 2g
[과일 프로스팅] 생크림 190g, 크림치즈 60g, 설탕 45g, 블루베리 퓨레·딸기 퓨레 40g씩, 딸기·냉동 블루베리 약간씩

이렇게 만드세요

1 실온에 두어 말랑말랑해진 버터를 볼에 담고 핸드믹서로 푼 뒤 설탕 95g을 넣고 고루 섞어요.

2 ①에 달걀을 8번 이상 조금씩 나눠 넣으며 휘핑해요.

3 체 친 박력분과 베이킹파우더를 넣고 고무주걱으로 가볍게 섞어줘요.

4 반죽을 짜주머니에 담고 준비한 컵케이크 틀에 절반 정도 채운 뒤 160℃로 예열한 오븐에서 25분간 구워요.

5 볼에 크림치즈와 설탕 45g을 넣고 거품기로 섞은 뒤 생크림을 넣고 크림이 단단해지기 직전까지 휘핑해요.

6 휘핑한 생크림은 반으로 나눠서 각각 딸기, 블루베리 퓨레를 넣고 잘 섞어 2가지 프로스팅을 만들어요.

7 식힌 컵케이크 위에 블루베리 프로스팅을 스패튤라로 부드럽게 바른 뒤 냉동 블루베리를 올려 장식해요.

8 별모양 깍지를 넣은 짜주머니에 딸기 프로스팅을 담고 식힌 컵케이크 위에 동그랗게 짠 뒤 반으로 자른 딸기를 장식해요.

 – 달걀은 실온에 두어 차갑지 않게 준비해요. 컵케이크 틀에는 유산지 컵을 넣어 두세요.
 – 프로스팅이 너무 묽으면 바르기 어려워요. 퓨레의 묽기를 조절해 가면서 조금씩 섞어 주어요.
 프로스팅은 자연스럽게 스패튤라로 펴 발라도 좋고 모양깍지로 예쁘게 데코해도 된답니다.

깊은 커피향 에스프레소 컵케이크

깊고 고소한 에스프레소 향이 나는 컵케이크.
커피가 맛있다면 컵케이크의 풍미도 그윽해지겠죠?
에스프레소 원액 대신 우유에 인스턴트커피를 넣어도 좋아요.

재료 | 6개분

[컵케이크 반죽] 버터 · 달걀 105g씩, 설탕 95g, 박력분 77g, 베이킹파우더 2g, 에스프레소 14g
[에스프레소 프로스팅] 버터 90g, 우유 60g, 노른자 36g, 설탕 35g, 에스프레소 원액 15~20g, 코코아파우더 약간

이렇게 만드세요

1 실온에 두어 말랑말랑해진 버터를 볼에 담고 핸드믹서로 푼 뒤 설탕을 넣고 고루 섞은 후 달걀을 8번 이상 조금씩 나눠 넣으며 휘핑해요.

2 체 친 박력분과 베이킹파우더를 넣고 고무주걱으로 칼로 자르듯이 가볍게 섞어 줘요. 반죽에 에스프레소 원액 14g을 넣고 고루 섞어요.

3 짜주머니에 반죽을 넣고 팬에 짠 뒤 160℃로 예열한 오븐에서 25분간 구워요.

4 냄비에 우유, 에스프레소 원액을 넣고 가장자리에 거품이 올라올 때까지 데워요.

5 볼에 노른자를 넣고 거품기로 풀다가 설탕을 넣고 휘핑해요. ④를 볼에 조금씩 흘려 부어가며 섞어요.

6 ⑤를 다시 냄비에 담고 약한 불에서 저어 주면서 84℃가 될 때까지 끓여요.

7 버터 90g을 풀어준 뒤 식힌 ⑥의 크림을 조금씩 넣으며 섞어요.

8 짜주머니에 ⑦을 담고 충분히 식힌 ③의 컵케이크 위에 동그랗게 짜세요. 마지막에 코코아파우더를 뿌려 장식해 주세요.

Mari's tip 컵케이크가 구워지면 바로 틀에서 분리하지 마세요. 모양이 망가질 수 있으니 잠시 식혔다 빼내면 좋아요.

Tart & Pie

바삭바삭한 시트 위에 필링이 듬뿍 들어간 타르트는
1조각만 먹어도 든든해져요.
특별한 디저트를 즐기고 싶을 때는
타르트를 만들어 보세요.
커다랗게 구워 나눠 먹어도 좋고 작게 만들어
핑거푸드로 즐길 수도 있어 파티 메뉴로 그만이랍니다.
과일을 얹어 달콤하게, 올리브나 채소를 넣어 짭짤하게….
취향에 따라 토핑을 바꿔도 좋아요.

든든한 브런치 메뉴 버섯&파프리카 키슈

키슈는 속재료만 바꿔서 다양하게 즐길 수 있어요.
버섯과 파프리카를 듬뿍 넣으면 식사대용으로도 손색이 없지요.
취향에 따라 베이컨이나 연어, 채소를 넣고 맛있게 구워 보세요.
따뜻할 때 샐러드와 함께 먹으면 카페 브런치가 부럽지 않아요.

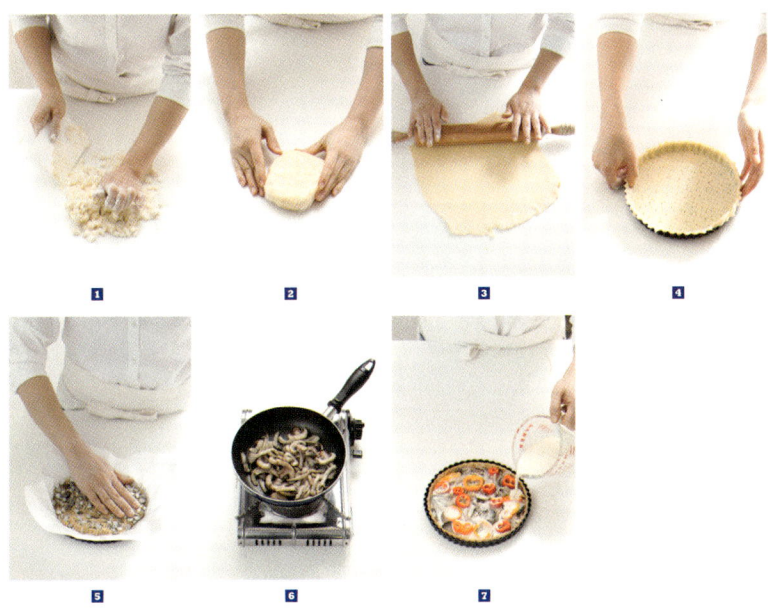

① ② ③ ④

⑤ ⑥ ⑦

재료 | 지름 14cm 틀 1개분

[타르트 지] 박력분 162g, 버터(차가운 것) 80g, 달걀 47g, 물(차가운 것) 25g, 소금 1g
[속재료] 양송이버섯 · 새송이버섯 · 느타리버섯 총 165g, 파프리카 1/2개, 소금 약간
[충전물] 생크림 120g, 우유 60g, 달걀 1개

이렇게 만드세요

① 체 친 박력분에 스크래퍼로 잘게 자른 버터를 넣고 손으로 보슬보슬해지도록 비벼서 밀가루를 골고루 묻혀요. 가운데를 동그랗게 비운 뒤 달걀, 찬물, 소금을 넣고 스크래퍼로 반죽을 바깥에서 안쪽으로 모으듯 섞어요.

② 반죽을 한 덩어리로 만들어 손바닥으로 평평하게 만든 다음 비닐에 넣어 1시간 이상 휴지시켜요.

③ 밀대로 반죽을 2~3mm 두께로 밀어서 타르트 틀에 넣어요. 스패튤라로 윗면의 남은 타르트 지를 밀어요.

④ 틀과 반죽이 밀착되도록 매만진 다음 포크로 바닥에 구멍을 내 주세요. 윗면을 스패튤라로 정리한 뒤 냉동실에서 30분 정도 휴지시켜요.

⑤ 타르트 지 위에 누름돌을 올리고 180℃로 예열한 오븐에서 20분간 구운 뒤 누름돌을 빼요. 틀에서 분리하지 않고 그대로 두어요.

⑥ 달군 팬에 버섯을 넣고 소금을 뿌려 달달 볶아요. 파프리카는 씨와 속살을 파내고 동그란 모양을 살려 썰어요.

⑦ 타르트 지에 버섯과 파프리카를 담고 충전물 재료를 섞어 부은 뒤 170℃로 예열한 오븐에서 노릇노릇한 색이 날 때까지 25분간 구워요.

 Mari's tip 충전물은 타르트 틀에 넉넉하게 부어야 풍성하게 구울 수 있어요.
틀에 거의 다 차도록 부어요. 충전물 위에 치즈를 듬뿍 얹어서 구우면 더 고소하고 풍미가 좋아진답니다.

후후 불며 먹는 즐거움
크림 치즈타르트

진한 치즈의 세계로 초대하는 시간이에요.
크림치즈와 커스터드크림이 듬뿍 들어 있어
입안에서 살살 녹는 특별한 디저트가 됩니다.
로즈마리와 같은 허브를 넣으면 색다른 맛을
느낄 수 있어요.

재료 | 지름 14cm 높이 4cm 도자기틀 1개분

[타르트 지] 약 160g
[충전물] 우유 180g, 크림치즈 100g, 달걀노른자 30g, 설탕 18g, 전분 · 박력분 7g씩,
로즈마리 잎 · 그라나파다노치즈 약간씩, 달걀흰자 60g, 설탕 24g

이렇게 만드세요

1 p 245 ①～④ 과정을 참고해 타르트 지를 만듭니다. 타르트 지를 틀에 넣고 모양을 정리해요. 남은 반죽은
   나뭇잎 모양 커터로 찍어 두세요.

2 볼에 노른자와 설탕 18g을 넣고 미색이 될 때까지 휘핑한 뒤 체에 친 전분과 박력분을 넣어 섞어요.

3 냄비에 우유를 담고 중간 불로 끓이다 ②의 볼에 2번 나눠 넣으며 거품기로 저은 뒤 다시 냄비에 담아요.

4 구석구석 거품기로 저어가며 끓여요. 중간 중간 바닥에 내려 거품기로 섞어야 덩어리지지 않아요. 바글바
   글 끓으면 불을 꺼요.

5 볼에 크림치즈를 넣고 풀어준 다음 ④를 조금씩 넣어가며 주걱으로 섞어요. 로즈마리 잎을 넣어요.

6 볼에 달걀흰자를 넣고 휘핑하다가 거품이 올라오면 설탕 24g을 조금씩 넣어가며 단단한 머랭을 만들어요.

7 ⑤의 반죽에 머랭 1/3을 넣고 위에서 아래로 섞은 뒤 나머지 머랭을 넣고 섞은 다음 타르트 틀에 80% 정
   도 부어요.

8 타르트 반죽 윗면에 그라나파다노치즈를 갈아서 뿌려준 뒤 모양 커터로 찍은 타르트 반죽을 장식해요. 190℃
   로 예열한 오븐에서 15～20분간 구워요.

Mari's tip   치즈 타르트는 말랑말랑해서 부서지기 쉬워요.
            구운 타르트는 바로 틀에서 분리하지 말고 타르트가 충분히 식은 뒤에 꺼내세요.

연인디저트 초콜릿타르트

디저트 카페의 인기 메뉴 초콜릿 타르트. 모양이 예뻐 간식이나 파티 음식으로 만들면 좋습니다. 진한 초콜릿 맛 그대로 즐겨도 좋지만 호두나 아몬드를 잘게 다져 넣으면 고소한 맛을 더할 수 있어요. 가나슈는 굳기 전에 틀에 채워 넣으면 예쁘게 만들 수 있어요.

재료 | 지름 5cm 틀 12개분

[타르트 반죽] 박력분 100g, 버터 65g, 슈가파우더 43g, 달걀 20g, 아몬드가루 18g, 코코아파우더 10g
[속재료] 다크초콜릿 200g, 생크림 150g, 물엿 30g, 냉동 산딸기 약간

이렇게 만드세요

1 실온에 둔 버터를 손거품기로 풀어준 뒤 슈가파우더를 넣고 섞어요.

2 ①에 달걀을 3번 정도 나눠 넣어가며 섞은 뒤 체 친 박력분, 아몬드가루, 코코아파우더를 넣고 스크래퍼로 섞어 주세요.

3 고루 섞이면 반죽을 랩이나 비닐에 싸서 1시간 이상 냉장고에서 휴지시켜 주어요.

4 ③의 반죽을 밀대로 밀어 지름 7cm의 둥근 모양 커터로 잘라요.

5 자른 반죽을 틀에 넣어요.

6 틀 째로 냉동실에 넣어 20분간 휴지시킨 뒤 누름돌을 넣고 160℃로 예열한 오븐에서 15분간 구워요.

7 냄비에 생크림과 물엿을 넣고 끓인 뒤 다크초콜릿을 담은 볼에 부어서 초콜릿을 녹여 주어요.

8 구워진 타르트 틀에 초콜릿 가나슈를 2/3정도 붓고 산딸기로 장식해 주어요.

Mari's tip 　초콜릿 가나슈를 만든 뒤 굳기 전에 흐를 때 부어야 모양이 예뻐요.

꿀보다 달콤 애플파이&아이스크림

시나몬 향이 솔솔 나는 따뜻한 애플파이는 아이 어른 할 것 없이 좋아하는
완소 아이템이지요. 따뜻할 때 아이스크림을 얹어 먹으면 따뜻함과 차가
움이 오묘하게 어우러져 더욱 맛있게 먹을 수 있어요. 사과즙이 주르륵 흘
러내리면 먹고 또 먹게 되니 조심하세요!

재료 | 지름 21cm 틀 1개분

사과 460g, 타르트 지 210g, 설탕 110g, 버터 35g, 박력분 17g, 계피가루 2g, 아이스크림 적당량
[필링] 사워크림(또는 플레인요구르트) 110g, 달걀 25g, 설탕 15g
[크럼블] 아몬드가루·설탕·버터 30g씩, 박력분 20g

이렇게 만드세요

1. 볼에 필링 재료를 담고 거품기로 고루 섞어요.
2. 냄비에 버터를 녹인 뒤 박력분과 계피가루를 넣어요.
3. ②에 슬라이스 한 사과와 설탕을 넣고 국물이 졸아들 때까지 나무주걱으로 저어가며 조려요.
4. 볼에 크럼블 재료를 모두 넣고 손으로 으깨듯 섞어 소보로 상태로 만든 뒤 잠시 냉장고에 넣어 두세요.
5. 타르트 지 위에 졸인 사과를 붓고 ①의 필링을 골고루 부어요.
6. 고무주걱으로 표면을 살짝 정리해준 뒤 가운데 속을 살짝 파 주세요. 구운 뒤 잘랐을 때 사과가 튀어나오지 않아요.
7. 200℃로 예열한 오븐에 20분간 구운 뒤 꺼내 ④의 크럼블을 솔솔 뿌린 뒤 색이 날 때까지 8분간 더 구워 주세요.

Mari's tip 타르트 지는 p.245 키슈 반죽을 참고해 만들어 주세요. 만들어 놓은 타르트 지는 미리 타르트 틀에 넣어 냉동실에서 1시간 이상 휴지시켜요. 사과는 껍질을 벗기고 4등분해서 1.5mm 두께로 슬라이스합니다.

와인과 찰떡궁합 올리브파이

쿠키처럼 생겼지만 파이랍니다.

딱딱해 보이지만 부드럽게 파삭거리는 맛이 일품이에요.

진한 올리브 향과 짭조름한 맛이 나 자꾸 자꾸 손이 가는 올리브파이.

핫소스를 넣어 매콤한 맛으로 만들어도 좋답니다.

스파클링 와인과는 환상의 콤비예요.

[파이 반죽]

1 2 3 4

5 6 7

[속재료]

8 9

[썰기&굽기]

10

254

재료 | 지름 6cm 두께 1cm 18개분

[파이 반죽] 박력분 105g, 속에 넣을 버터 75g, 물 55g, 버터 12g, 소금 2g
[속재료] 그린 올리브·블랙 올리브 50g씩, 올리브오일 10g

이렇게 만드세요

1 체 친 박력분 가운데 구멍을 만들어요. 물과 소금, 버터를 넣고 손가락으로 원을 그리며 섞어요. 스크래퍼로 바깥에서 안쪽으로 섞으면서 한 덩어리로 만들어요.

2 반죽을 동그랗게 만들고 가운데를 칼로 열십자 모양을 낸 뒤 네 귀퉁이를 펴서 네모로 만들어요. 반죽은 비닐에 담아 밀대로 평평하게 펴서 냉장고에서 4시간 이상 휴지시켜요. 속에 넣을 버터는 비닐에 담아 반죽 크기의 절반 정도가 되도록 평평하게 밀어서 냉장고에 넣어요.

3 휴지시킨 반죽을 밀대로 평평하게 민 다음 ②의 버터를 밀어 반죽에 올린 뒤 반죽으로 감싸고 이음새가 떨어지지 않도록 마무리해요.

4 바닥에 덧가루용 밀가루를 뿌리고 밀대로 반죽을 밀어서 길이가 3배 정도 늘어날 때까지 밀어 주어요.

5 늘어난 반죽은 3등분으로 접어 주어요. 반죽의 크기가 3배가 커 지도록 밀고 다시 3등분으로 접어 주어요.

6 반죽을 랩으로 밀착시켜 싼 뒤 냉장고에서 30분 이상 휴지시켜요. 다시 밀대로 밀고 접는 것을 2번 반복해 휴지시켜요.

7 휴지시킨 ⑥의 반죽을 꺼내 20×30cm가 되도록 밀대로 밀어 주어요.

8 속재료를 블렌더로 간 다음 반죽에 골고루 펴 발라요.

9 반죽을 단단하게 말아 준 뒤 붓으로 달걀물을 칠해서 꼭 붙여 주어요. 반죽을 썰 수 있는 상태가 될 때까지 냉동실에서 1시간 정도 굳혀요.

10 8mm 두께로 자른 뒤 철판에 간격을 두고 올린 다음 180℃로 예열한 오븐에서 15분간 구워요.

 Mari's tip
- 버터는 실온에 꺼내 두세요.
- 올리브파이는 랩에 잘 싸서 냉동실에 보관한 뒤 먹을 때마다 구워 드셔도 좋아요.
- 반죽을 미리 만들어서 냉동해 두었다가 살짝 녹인 뒤 썰어서 구워 내면 편리해요.

듀자미 주인장 추천
파리&도쿄 디저트 카페

가이드북만으로는 부족합니다. 듀자미가 보증하는
맛있는 디저트 카페를 소개합니다.

라듀레 Ladurée

파리에서 가장 유명한 마카롱 가게. 테이크아웃도 가능하지만, 앉아서 먹을 수 있는 좌석이 있어 차와 브런치,
디저트를 모두 즐길 수 있다. 애플마카롱과 새까만 오징어먹물마카롱이 최고.
ADD 75 avenue des Champs Elysees TEL 01 40 75 08 75 WEB www.laduree.fr

피에르 에르메 PierreHermé

예술작품 같은 디저트로 제과업계의 피카소로 불리는 피에르 에르메의 매장. 어떤 마카롱이나 다 맛있지만 올
리브와 바닐라, 재스민, 장미향 크림이 들어간 이스파한 쌩또노레 마카롱은 꼭 맛을 보는 것이 좋다.
ADD 72 rue Bonaparte (st-Germain-des-Pres) TEL 01 43 54 47 77 WEB www.pierreherme.com

팽 드 슈크레 pain de sucre

매장에 들어서면 형형색색의 다양한 케이크들이 동화의 세계로 초대된 것처럼 느껴지는 곳. 허브, 민트가 들
어간 타르트는 색다른 맛을 자랑한다. 퐁당을 올린 에클레어가 유명하지만 다양한 색깔의 스트로이젤을 올
린 에클레어도 맛있다.
ADD 14 rue Rambuteau 75003 TEL 01 45 74 68 92 WEB www.patisseriepaindesucre.com

엔젤리나 Angélina

파리에서 가장 고풍스럽고 아름다운 살롱드테로 유명한 곳. 밤 크림과 샹티 크림이 들어간 몽블랑과 진한 핫 초콜릿 한 잔이면 여행의 피곤함이 모두 사라진다. 몽블랑을 먹을 때는 샹티 크림을 음미하며 느껴보길. 샹티 크림은 생크림에 설탕을 넣고 휘핑한 것인데 파리의 유제품은 워낙 맛이 뛰어나서 무척 고소하다.
ADD 226 rue de Rivoli 75001 **TEL** 01 40 68 22 50 **WEB** www.groupe-bertrand.com/angelina.php

마리아쥬 프레르 Marriage Frères

세계 최고의 홍차를 맛볼 수 있는 홍차 전문점. 홍차 뿐 아니라 간단한 식사와 디저트도 훌륭하다. 특히 그린 티 밀페유는 정말 눈물 나도록 맛있는 최고의 맛!
ADD 30 Rue du Bourg-Tibourg, Paris **TEL** 01 42 72 28 11 **WEB** www.mariagefreres.com

사다하루 아오키 Sadaharu Aoki

파리에서 활동하던 일본 파티세가 문을 연 곳. 파리에서 성공한 제과 명장으로 일본에도 매장을 냈다고 한다. 프랑스 제과와 동양의 재료를 살린 제과의 조화가 잘 이루어진 디저트 카페. 녹차, 검은 깨를 넣은 디저트가 유명한데 특히 깨와 녹차가 들어간 젠은 놓치지 말도록.
ADD 35 Rue de Vaugirard, Paris **TEL** 01 45 44 48 90 **WEB** www.sadaharuaoki.com

카페 드 플로르 café de flore

진정한 프랑스 카페를 경험하고 싶다면 꼭 들러야하는 곳. 파리의 문인, 철학자들이 드나들었던 오랜 전통을 자랑하는 곳으로 팽오쇼콜라와 키슈, 그리고 에스프레소는 꼭 마셔볼 것을 권한다. 관광객이 많지만 그 속에서 파리지앵처럼 혼자 앉아서 사람 구경만 해도 재미있는 곳이다.
ADD 172 Blvd. Saint-Germain **TEL** 01 45 48 55 26 **WEB** www.cafedeflore.fr

---

베이킹 도구를 살 수 있는 곳

으 드일르행 E. DEHILLERIN
1820년에 문을 연 전통이 있는 가게로 요리와 베이킹 관련 모든 제품들을 구입할 수 있는 곳. 값비싼 동 냄비를 합리적인 가격으로 구매할 수 있다는 점이 매력적이다.
ADD rue Jean Jacques Rousseau 75001 **TEL** 01 42 36 53 13 **WEB** www.e-dehillerin.fr

모하 MORA
이곳 역시 1814년에 문을 연 전통이 있는 가게로 질 좋은 베이킹 도구들을 구입할 수 있다. 특히 각종 초 콜릿 몰드와 베이킹 도구가 다양하게 구비되어 있다. 가격은 조금 비싸지만 잘 살펴보면 질 좋고 적당 한 가격의 도구를 구입할 수 있다.
ADD 13 rue Montmartre **TEL** 01 45 08 19 24 **WEB** www.mora.fr

TOKYO

키르훼봉 Qu'il fait bon

예쁘고 화려한 타르트들로 가득한 타르트 전문점. 다이칸야마, 긴자, 아오야마점이 있는데 한적한 분위기에서 조용한 디저트 타임을 즐기고 싶다면 다이칸야마점을 추천한다. 제철 과일을 듬뿍 얹은 계절 타르트를 꼭 먹어 보도록.
ADD 東京都 渋谷区恵比寿西 2-18-2 TEL 03-5457-2191 WEB www.quil-fait-bon.com

몽상클레르 Mont st. clair

일본의 천재 파티셰가 운영한다고 알려진 곳. 지유가오카역에서 내려서 조금 걸어야 하지만, 걸어가면서 조용한 일본 동네를 산책하는 것도 재미있다. 좌석이 많지 않아서 기다려야 할 때가 많은데 포장한 뒤 걸어 내려와 공원에서 먹는 것도 좋다.
ADD 東京都 目黒区自由ケ丘 2-22-4 TEL 03-3718-5200 WEB www.ms-clair.co.jp

고소앙 Kosoan

일본의 전통 주택을 개조해서 만든 찻집. 녹차와 팥이 들어간 디저트가 일품이다. 일본식 정원을 바라보며 다다미방에서 달콤한 일본 디저트를 즐기고 싶은 사람을 위한 공간. 새알심이 들어있는 단팥죽에 맛차를 곁들인 맛차 시로타이 젠자이는 꼭 먹어 보도록.
ADD 東京都 目黒区自由が丘 1-24-23 TEL 03-3718-4203 WEB www.kosoan.co.jp

---

베이킹 도구를 살 수 있는 곳

갓빠바시시장
그릇, 주방용품, 커피 용품, 베이킹 용품이 한자리에 모여 있는 시장.
하루 종일 구경만 해도 즐거운 곳이다.
ADD 東京都台東区松が谷 3-18-2 TEL 03-3844-1225 WEB www.kappabashi.or.jp

쿠오카
일본에 갈 때 마다 언제나 들리는 베이킹 전문용품 가게.
각종 베이킹 리큐르와 설탕, 밀가루, 초콜릿 등의 베이킹 재료와 예쁜 도구들로 가득하다.
ADD 東京都目黒区緑が丘2-25-7 TEL 03-5731-6200 WEB www.cuoca.com

라듀레

피에르 에르메

팽 드 슈크레

엔젤리나

마리아쥬 프레르

카페 드 플로르

키르 훼봉

몽상클레르

고소앙

생생한 실전 경험담
카페 창업 정보

◆━◆◆◆◆━◆

프랑스풍 디저트 카페 창업을 목표로 했지만
그 길이 녹록치만은 않았어요.
콘셉트를 잡는 일도, 하나하나 카페를 채워가는 일도 어려웠지요.
요즘 '카페나 할까?'라고 생각하는 분 많으시죠.
생각보다는 달콤하지 않은 카페 창업 뒷이야기를 들려드립니다.

1 콘셉트 정하기

카페는 오너 셰프의 역량과 콘셉트가 확실해야 성공할 확률이 높다. 잘 할 수 있는 것을 제대로 상품화하겠다는 생각으로 오픈을 준비했다. 케이크와 음료를 즐길 수 있는 디저트 카페로 일단 테마를 확정, 구체화하는 노력을 기울였다. 르 코르동 블루를 졸업한 파티셰가 매일 구운 케이크를 선보이는 카페를 머릿속에 그렸다. 수제 케이크를 선보이는 카페에 걸맞게 베이킹 클래스도 함께 구상했다. 단순히 디저트를 먹는 카페가 아니라 케이크 만드는 즐거움을 함께 나누도록 한 것. 작업실 환경에 맞춰 4명을 기본으로 단계별 베이킹 클래스를 실시했다. 여러 가지 메뉴를 선보였지만 대표 메뉴가 된 마카롱 클래스는 인기 만점이었다. 블로그를 통해 클래스 공고를 내고 소수정예 클래스를 운영했다. 현재 주 3회를 진행할 정도로 자리를 잡았다.

2 위치 선정

아무래도 프랑스 디저트 카페를 콘셉트로 정하다 보니 위치를 고민하게 되었다. 동부이촌동, 서래마을을 염두에 두고 고민하다가 신사동 가로수길로 결정했다. 가로수길은 2030 상권이 잘 형성되어 있었고 골목마다 상점의 이미지가 세분화되는 추세였을 뿐 아니라 고급화될 수 있는 지역이라고 판단했다. 듀자미의 주요 고객층인 20대 중반~30대 중반의 직장 여성이 자주 찾는 곳에 오픈한 것이 적중했다.

3 인테리어

인테리어 공사 역시 '고품격 디저트 카페'라는 콘셉트에 어긋나지 않도록 신경을 썼다. 실내는 심플하면서 따뜻한 느낌이 들도록 원목과 화이트를 메인 테마로 잡아서 시공했다. 무엇보다 작업실을 넓게 사용할 수 있도록 공간을 분할했다. 인테리어는 중간에 콘셉트를 변경하게 되면 예상보다 많은 시간과 비용을 지출할 수 있기 때문에 먼저 콘셉트와 실시 설계를 하고 시공자와 충분한 사전 미팅을 거쳤다.

심플한 실내 디자인이 자칫 차가워 보일 수 있으므로 여행지에서 구입한 아기자기한 베이킹 소품들을 장식하고 '디저트 카페'를 강조할 수 있도록 케이크 만드는 사진도 더했다. 인테리어에 있어서 그릇은 빠질 수 없는 중요한 요소. 음료 잔에 듀자미 로고를 새겨 넣었고 케이크 접시는 오랫동안 수집해온 패턴 그릇들을 활용해 변화를 주었다.

4 메뉴 선정

치즈케이크, 초콜릿케이크 등 일반적인 메뉴와 프랑스 전통 메뉴를 함께 선보였지만 곧 수정했다. 메뉴 선정에 있어 프랜차이즈 케이크 전문점과는 차별이 되어야 했다. 프랑스 케이크 카페이지만 우리나라 사람들의 입맛에 맞는 메뉴로 수정하는데 노력을 기울였다.

처음에는 샌드위치도 직접 만들어서 판매했지만 리스크가 큰 메뉴여서 과감히 접는 등 시행착오를 겪었다. 디저트 카페라는 본분에 충실하다 보니 매력적인 프랑스풍 케이크 가게라는 입소문이 났고 단골이 생기면서 점차 안정을 찾아갔다.

5 투자비용

매장에서 직접 케이크를 만들고, 베이킹 클래스를 진행하기 위해서는 최소 30평 정도의 공간이 필요했으며, 시설투자도 필요했다. 공간이 정해지고 난 후에는 총투자비대비 예상이익을 정하여 인테리어 비용, 베이킹 스튜디오와 기구비, 가구 구입비, 기타 소품비, 운영비를 배분하는 방식으로 진행했다.

그 과정에서 인테리어에서 비용 때문에 포기할 것과 콘셉트를 위해 추가되어야 하는 기구비, 소품비 등이 발생했다. 오픈 뒤에는 인테리어나 비품 등에 추가로 비용을 지출하지 않아야 수익과 운영에 도움이 된다. 하지만 카페를 방문하는 고객에게 꾸준한 만족감을 주기 위해서 적절히 변화된 모습이 필요하므로 그에 대한 비용도 꾸준히 집행해야 한다.

카페 면적 28평(실평수)　**준비 기간** 위치 선정 6개월, 공사 기간 25일
투자 금액 보증금 8천만 원, 인테리어 공사 6천만 원(건물구조 변경 포함), 기기 비용 3천5백만 원, 기타 비용(가구, 그릇 등 소품비) 2천만 원선

티타임이 더 즐겁다!
케이크 & 음료 궁합

❖❖❖❖

라면에 김치가 빠질 수 없듯 맛있는 케이크를 맛볼 때 음료는 필수이지요.
주인공인 케이크 본연의 맛을 더 깊게 음미하고 싶다면 환상의 궁합을 찾는 것이
중요해요. 티 타임이 즐거워지는 케이크 & 음료 매칭법을 알려 드릴게요.

---

1 아쌈티

아쌈티는 다른 입차 종류의 홍차보다 더 진하게 우러나기 때문에 캐러멜과
잘 어울린다. 듀자미의 인기메뉴인 캐러멜소금케이크는 케이크 위에 프랑
스산 천일염을 뿌려 단맛을 더욱 감칠맛 나게 만들어 준다.

⟨그 밖에 어울리는 케이크⟩ 마카롱, 달콤한 타르트(호두타르트, 바나나타르
트, 복숭아타르트), 마들렌

---

2 아메리카노

기본 음료인 아메리카노는 깔끔한 맛이 특징이다. 진한 다크초콜릿의 풍미
를 그대로 느낄 수 있는 초콜릿케이크와 곁들이면 좋다. 자칫 부담스러울
수 있는 초콜릿의 맛을 깔끔하게 잡아주기 때문이다.

⟨그 밖에 어울리는 케이크⟩ 진한 치즈케이크, 밀페유, 생크림이 들어간 아
주 달콤한 케이크류

**3 얼그레이
아이스티**

얼그레이 아이스티는 무겁지 않으면서도 맛이 깔끔한 음료로, 레몬 한 조
각을 함께 곁들이면 시원한 맛을 더할 수 있다. 자칫 느끼할 수 있는 치즈
케이크와 잘 어울린다.

⟨그 밖에 어울리는 케이크⟩ 과일 타르트, 슈크림

---

4 핫초콜릿

다크초콜릿으로 만든 핫초콜릿은 깊고 풍부한 향과 개운한 맛이 특징. 은은
한 시폰케이크와 맛이 잘 어우러진다.

⟨그 밖에 어울리는 케이크⟩ 말차 딸기케이크, 견과류 쿠키

---

5 카페라테

따뜻한 우유거품이 들어가 있는 카페라테는 초콜릿쿠키가 제격. 초콜릿을
기본으로 한 케이크나 쿠키와 함께 먹으면 맛있다.

⟨그 밖에 어울리는 케이크⟩ 초콜릿케이크

cafe Deux Amis

BAKING CLASS